周昌乐

# 穷理尽性：
## 卦说节气洗心，
## 语录日用润身

图书在版编目（CIP）数据

穷理尽性：卦说节气洗心，语录日用润身 / 周昌乐著. -- 厦门：厦门大学出版社，2023.9
ISBN 978-7-5615-9085-0

Ⅰ.①穷… Ⅱ.①周… Ⅲ.①道德修养-中国-通俗读物 Ⅳ.①B825-49

中国版本图书馆CIP数据核字(2023)第163505号

| 出 版 人 | 郑文礼 |
| --- | --- |
| 责任编辑 | 林　灿 |
| 美术编辑 | 李嘉彬 |
| 技术编辑 | 朱　楷 |

出版发行　厦门大学出版社

| 社　　址 | 厦门市软件园二期望海路39号 |
| --- | --- |
| 邮政编码 | 361008 |
| 总　　机 | 0592-2181111　0592-2181406(传真) |
| 营销中心 | 0592-2184358　0592-2181365 |
| 网　　址 | http://www.xmupress.com |
| 邮　　箱 | xmup@xmupress.com |
| 印　　刷 | 厦门集大印刷有限公司 |

开本　720 mm×1 000 mm　1/16
印张　8.75
插页　2
字数　139千字
版次　2023年9月第1版
印次　2023年9月第1次印刷
定价　48.00元

本书如有印装质量问题请直接寄承印厂调换

厦门大学出版社　　厦门大学出版社
微信二维码　　　　微博二维码

# 题　记

静观万物之理，得吾心之悦也易；
动处万物之分，得吾心之乐也难。
是故仁智合一，然后君子学成。
成己，所以成物。

（宋）胡宏[*]

---

[*] 因为是通俗读物，书中凡引用一般仅给出作者、书名和篇名，皆不出具体页码。如果没有给出书名篇名的，但指出宋儒者，则出自《宋元学案》一书；指出明儒者，则出自《明儒学案》一书。书中引用的全部书籍的版本，见书后参考文献。

# 序　言

　　随着社会经济和物质技术的不断发展，人们的生活节奏越来越加快了。日益增加的生活压力、渐趋复杂的人际关系，以及突然爆发的恐慌性，滋生了众多的社会性心理问题。压抑、抑郁、狂躁、焦虑、冷漠等心理亚健康现象越来越普遍。据近年来世界卫生组织的不完全统计，目前全球人类心理健康问题不断持续恶化。

　　根据世界卫生组织的报告，当今世界上每四个人中就有一人在某个阶段出现精神障碍，全世界有近10亿人患有精神障碍，每40秒就有1人死于自杀。就我们国家而言，与40年前1%发病率相比，国人精神障碍的患病率如今提升了17.5倍，焦虑症发病率提升了13倍。20年前国人抑郁症发病率仅仅为万分之五，现在这个数据增长了120倍。因此，心理健康已经成为我们社会的一个突出问题，亟待引起人们的高度重视。

　　时下，人们出现了心理问题往往会通过西方心理咨询途径来加以治疗。一般西方的心理治疗方法包括心理教育、认知行为治疗（CBT）、家庭疗法、辩证行为疗法、基于正念的认知行为治疗，以及人际与社会节律疗法（这种疗法支持恢复日常活动，以恢复生理节律，改善情绪）等等。由于这些心理治疗方法属于"术"的层次来进行心理干预，治标却不能治本，治疗效果往往难以持续，不能从根本上解决人们持续性的心理问题。至于那些介乎正常心理与心理疾病之间的不良情绪、心境、心态，更非心理治疗所能干预的。

　　实际上，我们大多数人在生活中或多或少都会有经历不良心理状态的时候，愤怒、忧虑、恐惧、沉迷等都会影响自己的学业进程、人际关系和事业发展。持续性不良心理状态或者出现心理疾病的根本原因在于缺乏精神家园的寄托。此时就需要通过修身养性来提升自身的心理品质，找回失落的精神家园！

或许人们会强调物质财富积累对于保障幸福生活最为重要而认为精神生活的追求是不重要的。不错，充足的财富积累确实可以丰富生活内容、改善生活条件、提高生活质量，但多半限于物质保障方面。至于精神生活，则远非财富积累所能左右。这就是为什么，眼下许多人物质生活有了充分保障之后，依然没有幸福感的主要原因。

必须清楚，不管身处何种状况中，人们只有保持中正平和的精神境界，生活才能够祥和平静和快乐幸福！对于获得优良心理品质最为重要的两个心理素质就是智慧与仁爱。闭上眼睛好好想想，自己是不是因为心浮气躁而搞砸过很多事？是不是常被环境和他人所影响，为了小事生气而影响自己的情绪？其实，心里放不下别人的过错，是没有仁爱心；心里放不下自己的偏见，是没有智慧心。懂得以智慧、仁爱来处理问题，心底就不会经常纠结而保持清明自在的心境。

当然，仁爱与智慧是相辅相成的。智慧若无仁爱是毫无意义的，而仁爱若无智慧则是毫无用处的。可以这么说，仁爱与智慧合一正是中正平和心态达成的途径。所以缺少了智慧与仁爱，往往会出现心理问题而难达平和的心理状态！因此，如何提高民众智慧与仁爱的心理品质，以便有效应对复杂社会带来的生活压力，是眼下社会的当务之急！

中华传统文化中的修身养性方法是人们获得心理健康愉悦的有效途径。所以我在2018年出版了《通智达仁：传授心法述要》一书，全面系统地向人们介绍自古以来那些行之有效的修身养心方法，希望能为民众健康幸福生活提供有效途径。

遗憾的是，这部图书出版后，通过对读者反馈意见的了解发现，大多数普通民众对于其中偏向学术性的论述，都或多或少存在着阅读障碍，从而心生畏难，无法坚持通读全书。因此为了更好地引导民众了解修身养性的基本思想、方法和途径，提供一部既通俗又实用的入门性读本，方便民众日常修养，便撰写形成了这部读物。

这部读物的最大特点是将宋明理学家们有关修身养心的妙言散论，集成为一个修身养性体系，可以方便民众日常生活运用，对治眼下日益突显的社会心理健康问题。正像我在《通智达仁：传授心法述要》一书中再三强调的，中华传统修身养性方法的主线是以圣道治心思想、方法和途径为主导，而圣道治心的核心途径就是仁智双运。因此，我们这部读物也是围绕着仁智双运来展开。

仁智双运就是要实现通智达仁的目标。通智，强调学而知之，致知以穷理明心；达仁，强调习以行之，力行以尽性至命。所以，仁智双运也往往落实到知行合一之上，目标就是穷理尽性以至命。因此，我们这部读物就取名为《穷理尽性》，正好可以体现宋明性理之学（新儒学）修身养性的核心理念。

明儒胡居仁写有《居业录》一书，其在总结孔门心法时说："孔门之教，惟博文约礼二事。博文，是读书穷理事，不如此则无以明诸心；约礼，是操持力行事，不如此无以有诸己。"这里，明诸心就是穷理，有诸己就是尽性，合而言之，就是要穷理尽性。

在宋明性理之学中，致知强调格物穷理，而力行注重居敬尽性，但倡导仁智两者相辅相成则是一定的。比如明儒薛瑄有《读书录》存世，其中就说道："才收敛身心，便是居敬，才寻思义理，便是穷理。二者交资，而不可缺一也。"又说："居敬有力，则穷理愈精，穷理有得，则居敬愈固。"这里居敬就是通过收敛身心来尽性的。

知与行，可以看作是良知心性的体用关系，心知为体，身行为用。所以知行两者不但归根本原是一致的，而且工夫目标也是一致的。对此，明儒徐阶论学语指出："知行只是一事，知运于行之中。知也者，以主其行者也；行也者，以实其知者也。"明儒何迁则有更加明确的说明："知者行之主，行者知之用。"因此，就达成终极目标而言，知是要明确方向，行是前进的动力，两者缺一不可，方能达到美好心态的幸福彼岸。常人与圣贤的差别在于：常人面对生活困境总是给出诸多议论或抱怨，而圣贤则会采取行动去消解生活困境。也就是说，常人总是停留在"知"的层面之上，而圣贤则不但"知"而且在"行"的层面之上。

按照从"知"落实到"行"的一般规律，中间需要经过一个重要的环节，就是形成信念。由于我们的所有自觉或不自觉的行为都是由我们的信念直接驱动的，因此在落实知行合一的过程中，如何将修行知识有效转化为行为信念是关键的一步。如"修养环节原理图"所示,其给出的便是形成行为信念的主要环节,有助于指导民众更加自觉地开展知行合一的修身养性实践。

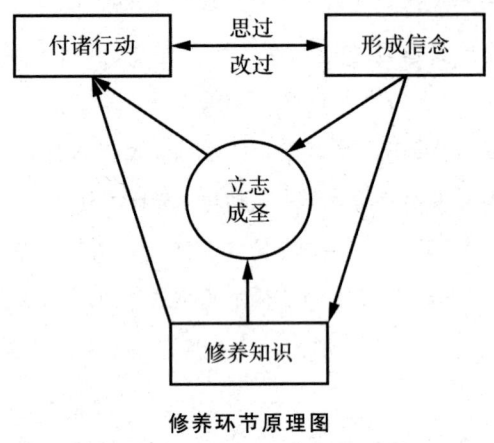

**修养环节原理图**

虽然心性修养有顿悟之说,瞬间打通从修行知识到行为信念的联结通路,自觉达成知行合一的美好境界。但更多的时候,知行合一的达成需要通过不断试错纠正的渐修途径来达成。此时就需要通过这里"修养环节原理图"来进行知行合一的修养。

首先,对于一般民众而言,要想长久获得稳定的美好心理状态,要立志成圣,有坚定的心性修养目标。当然这样的目标不是凭空产生的,而是来自系统学习圣贤经典形成的"修养知识",并成为付诸修养行动的指南。

其次,在知行合一的实践中,接受的"修养知识"并不一定能够带来理想的修行效果。也就是说,遵循的"洗心润身"语录在实际"付诸行动"中难免会出现偏差。此时就需要通过思过和改过不断加以纠正,然后才会形成符合天道法则的正确信念,从而养成自觉驱动的优良行为。

最后,唯有经由实践获得的优良行为效果,才能进一步完善获得的修养知识,从而更加坚定立志成圣的目标达成。如此这般,就形成了一个知行合一的良性修养过程,从而去除不良的行为习惯、思想观念以及思维习惯。

需要强调说明,"知"是穷理之门,"行"是尽性之道。致"知"不可有偏见,力"行"则要循序渐进。大凡修身养性要达到好的效果,知与行或者智与仁,两者都不能偏废。就此而言,宋儒朱熹就指出:"为学当以存主为先,而致知、力行亦不可以偏废。"所以知行只有相辅相成用功持久,才可以养成良好的心理素质,这便是仁智双运途径的关键所在。

那么仁智双运上达的最高修养目标又是什么呢?明儒焦竑在《澹园论学语》中说:"学期于上达,譬掘井期于及泉也,泉之弗及,掘井何为?性命之不知,学将安用?"仁智双运是下学,其上达的目标,就是穷理尽性至于命。这便是在《周易·说卦》中给出的中华圣道心性修养宗旨。

当然,在中华心性修养思想不断发展过程中,对于这一终极境界的指称,往往使用了不同的称名。明儒王时槐的归纳是:"虞廷曰中,孔门曰独,春陵曰几,程门主一,白沙端倪,会稽良知,总无二理。虽立言似别,皆直指本心真面目,不沈空,不滞有,此是千古正学。"这里,"中"是舜帝的"允执厥中","独"为《中庸》的"君子慎独","几"为周敦颐《通书》中强调的"诚神之几","主一"是二程兄弟强调的持敬之法,"端倪"是陈献章所倡导的"静中养出端倪",而"良知"就是王阳明所提出的"致良知"。

之所以会有这么多的称名,是因为心性修养的最高境界只可体悟、不可思议的结果。既然不可思议,因此也就可以任意指代,采用自己的体悟心得来加以称名了。但必须明白,不同称名之下的指的,其本原所指都是一样的,并无分别!

正因为终极境界只是心性的体悟,心性又是虚灵不昧的,根本不是凭靠意识知见所能思议,所以学者千万不要随意揣度,把各种臆想光景当成体悟至道的依据。关于这一点,明儒刘塙认识得最为透彻。明儒刘塙在《证记》中明说:"人只向有光景处认本体,不知本体无光景也。人只向有做作处认工夫,不知工夫无做作也。"这里所有"有光景"是指可以闻见思议的,而根本之道是不可闻见思议的。"有做作"是指有为之法,而终极工夫则是无为之法,所谓"勿忘勿助"!

所以要明白这虚灵之境,非刻意捉摸而能够成就的。因为凡存有为之意,哪怕这个"意"就是那道之称名,与体悟终极之道,便就愈加离得远了。刘塙在《证记》中甚至说:"先儒有曰'随处体认天理',又有曰'静中养出端倪',又有曰

> **穷理尽性**：卦说节气洗心，语录日用润身

'众物之表里精粗无不到，而吾心之全体大用无不明'，皆非了当语。夫既已谓之天矣，而有何处所乎？既已谓之静矣，而有何端倪乎？既已谓之心矣，而有何表里精粗之物乎？"读者可明白其中的意蕴？

我一直认为，人们在社会生活中原本都应该是和平、健康和幸福的，因为人性本善是自然赋予我们的天性。但在现实生活中，由于种种原因，人们这本善之性，经常会被污染遮蔽，失去本有的光明。因此，就需要运用修身养性指引的途径来恢复这本善之性，重新找回久已失落的灵明之光。

《论语·子路》记载孔子到了卫国，冉有为仆从。冉有问孔子如何才能够治理好社会？孔子回答："庶矣哉！"冉有再问："既庶矣，又何加焉？"孔子回答："富之。"冉有又问："既富矣，又何加焉？"孔子便说："教之。"现在我们的社会人口众多，"庶"早已不成问题，我们的经济也相当富足了，因此当务之急就是要"教之"，就是要化导民众健康幸福生活。

据《孟子·万章》记载商汤宰相伊尹所说："天之生斯民也，使先知觉后知，使先觉觉后觉。予天民之先觉者也，予将以斯道觉斯民也。"虽然我谈不上是什么先知先觉，但作为有社会责任心的知识分子，理应为化导民众的健康幸福生活、为社会和谐发展、为传播中华优秀的文化思想，做出自己应有的贡献。这也就是我为什么撰写这部读物的根本原因，希望将宋明性理之学应用于当代社会，以有助于帮助民众提升优良的心理品质。

不过，中国古代性理之学虽重视性命之理，但往往难以被普通民众理解和践行，结果常常是"君子之道鲜矣"。所以清代颜习斋无奈说道："性命之理，不可讲也；虽讲，人亦不能听也；虽听，人亦不能醒也；虽醒，人亦不能行也。"确实，修身养性在于行而不在徒有口能。正如《孟子·尽心》所说："行之而不著焉，习矣而不察焉，终身由之而不知其道者，众也。"所谓"百姓日用而不知"。这些论述无非是说，多数民众的日常生活并不能自觉遵循天道的规律，因此就难以自觉地获得幸福的理想生活。

在十余年来的传道解惑过程中，我也发现一个非常可悲的现象，普通百姓对自己的美貌呵护和身体锻炼非常重视，却往往忽视我们身体的主宰器官——大脑的健康锻炼。为了能够健康长寿，总是期待于饮食调养而忽略心

性存养。其实这是错误的。我们必须明白,就像我们需要经常锻炼身体一样,我们也需要经常保养我们的大脑!不同的是,养身在于动,而养心在于静,所谓"仁义中正而主静"。

还有一个社会痼疾就是善忘,就是好了伤疤忘了疼。无论如何不断地重复提醒,一遍又一遍地告诫,结果依然会习惯性地重复充满纠结、烦恼和怨恨的生活。正因为人们总是容易遗忘心性修养,因此我们必须一次次地提醒他们。从根本上讲,我们需要设立一种提醒制度,从而使之成为保证人们心理健康的先决条件。

我发现第三个社会比较普遍的问题是,众多修身养性修炼者比较看重所谓的流派传承。当然,如果一时半刻难以自悟,信仰一些所谓的权威,能够产生一点安慰剂效果,也是无可厚非的,因为信仰治疗确实也是疾病治疗常用手段。但我却要明确告诫民众,修身养性皆要靠自己的学习探索和人生历练,不必孜孜于所谓师承。如果通晓历史,就会发现,古代凡圣贤之人,无一看重什么师承,而是往往集众家之长而成就自己的修养思想体系。只有庸碌之辈才会热衷于师承谱系,并不惜伪造谱系!

更值得警惕的是,社会上经常有人声称自己是某历史名人的多少代后裔,孔子的、孟子的、曾子的、周子的、朱子的,等等,举不胜举。其实都是扯虎皮当大旗来唬人的,其用心就坏了。即使真的是所谓后裔,也没有任何意义,因为基因传五代之后就稀释到与路人没有区别了。况且文化思想的传承从没听说过是要靠基因来延续的,倒是异姓传承发展其思想反而屡见不鲜。比如孟子传承发展孔子的思想,北宋六子没有一个姓孔姓孟的,却传承发展的孔孟思想;而后来的朱熹和陆九渊,也是异姓;到了明代王守仁和湛若水,照样与先贤不同姓。所以不要相信什么嫡系后裔之类的胡说,只能是用来招摇撞骗的幌子。

总而言之,人们在日常生活中,常常会有遭遇种种烦恼与困惑,难以获得愉悦健康的人生,这其中最大的原因,就是人们难以摆脱基因和模因无时不在的控制。为此,人们必须自觉立志修炼,方能避免误入歧途。须知,追求名利皆是虚妄,不过是在为基因和模因的利益卖命。但愿读者们能够在生活中参照这部读物给出的修身养性思想、方法和途径，坚持心性存养，摆脱诸种欲望和妄念的控制，赢得健康愉悦的幸福生活。

中华修身养性方法，源远流长，特别是影响至今的宋明性理存养方法，洋洋大观，无疑为医治当今物质极大丰富而精神日趋枯竭的时代病症，提供了一剂良方。须知，不管在什么样的社会处境中生活，民众都应该自信、自立、自悟其本善心性，才能不为一切外境所迷惑和奴役，从而获得心灵的彻底自在。

作者识于厦门大学寓所
2022 年 7 月 31 日

# 目 录

| | |
|---|---|
| **总体说明** | / 001 / |
| **第一环节　坎陷励志(冬)** | / 009 / |
| 　一、子　复卦消息 | / 010 / |
| 　　(一)冬至立志 | / 011 / |
| 　　(二)小寒勤学 | / 015 / |
| 　二、丑　临卦消息 | / 019 / |
| 　　(三)大寒力行 | / 020 / |
| 　　(四)立春应事 | / 024 / |
| 　三、寅　泰卦消息 | / 028 / |
| 　　(五)雨水惩忿 | / 029 / |
| 　　(六)惊蛰窒欲 | / 033 / |
| **第二环节　震动修省(春)** | / 037 / |
| 　四、卯　大壮消息 | / 038 / |
| 　　(七)春分改过 | / 039 / |
| 　　(八)清明克己 | / 043 / |
| 　五、辰　夬卦消息 | / 047 / |
| 　　(九)谷雨读书 | / 048 / |
| 　　(一〇)立夏讲学 | / 052 / |
| 　六、巳　乾卦消息 | / 056 / |
| 　　(一一)小满格物 | / 057 / |
| 　　(一二)芒种穷理 | / 061 / |

## 第三环节　离丽见性(夏)　　　　　　　　/ 065 /

　　七、午　姤卦消息　　　　　　　　　　/ 066 /
　　　　(一三)夏至静坐　　　　　　　　　/ 067 /
　　　　(一四)小暑正心　　　　　　　　　/ 071 /
　　八、未　遁卦消息　　　　　　　　　　/ 075 /
　　　　(一五)大暑持敬　　　　　　　　　/ 076 /
　　　　(一六)立秋慎独　　　　　　　　　/ 080 /
　　九、申　否卦消息　　　　　　　　　　/ 084 /
　　　　(一七)处暑省察　　　　　　　　　/ 085 /
　　　　(一八)白露存养　　　　　　　　　/ 089 /

## 第四环节　兑说化道(秋)　　　　　　　　/ 093 /

　　一〇、酉　观卦消息　　　　　　　　　/ 094 /
　　　　(一九)秋分为善　　　　　　　　　/ 095 /
　　　　(二〇)寒露感应　　　　　　　　　/ 099 /
　　一一、戌　剥卦消息　　　　　　　　　/ 103 /
　　　　(二一)霜降尽性　　　　　　　　　/ 104 /
　　　　(二二)立冬知命　　　　　　　　　/ 108 /
　　一二、亥　坤卦消息　　　　　　　　　/ 112 /
　　　　(二三)小雪集义　　　　　　　　　/ 113 /
　　　　(二四)大雪淑世　　　　　　　　　/ 117 /

**附录:乐易读书活动　　　　　　　　　　/ 121 /**

**参考文献　　　　　　　　　　　　　　　/ 124 /**

# 总体说明

我们这部读物书名叫《穷理尽性》而副标题又出现"洗心""润身"两个词语,那么"穷理尽性"与"洗心润身"有什么关系呢?请听我娓娓道来,然后读者才能够明白这部读物的宗旨,以及二十四个节气排列的原因。

首先,洗心就是洗涤心灵,所谓改过自新。在《周易·系辞》中说:"圣人以此洗心,退藏于密,吉凶与民同患。神以知来,知以藏往,其孰能与于此哉?古之聪明睿知神武而不杀者夫!"易道洗心主张通过"退藏于密"(秘密认知),可以成就"聪明睿知(智)"达成"神以知来,知以藏往"的境界。

那么何为润身呢?《礼记·大学》说:"富润屋,德润身。"所以,润身就是以德润身,所谓修洁其身。宋儒邵雍在《观物外篇》中则说:"君子之学,以润身为本。其治人应物,皆余事也。"可见润身便是君子之学。如果说,洗心是减法,消除不良习性,那么润身就是加法,增益良善品德。

那么洗心润身的终极目标又是什么呢?《周易·说卦》说:"和顺于道德而理于义,穷理尽性,以至于命。"于是,洗心润身的目标就是要"穷理尽性"。穷理可以通智,尽性能够达仁,因此穷理尽性便也是仁智双运,然后可以至于命。穷理尽性之道,虽不可以言语传,但可以言语见,故宜用语录形式加以启迪。所以这部《穷理尽性》聚集起来的全部洗心润身语录,合起来就是来达成"穷理尽性以至于命"的境界。可见,这部读物的洗心润身语录之中蕴含有圣道大义。

考虑到一年三百六十日,分为四季二十四节气。因此,我们将围绕着"穷理尽性"这一宗旨,依据《周易》卦气学说,按照"卦气十二消息图"来组织安排洗心润身语录。在该图中坎、震、离、兑四卦,按照后天八卦方位来排列,分别对应北冬、东春、南夏和西秋,四卦二十四爻位配属二十四节气。于是,我们就可以形成一种比较完整的修身养性体系,围绕着仁智双运作如下说明。

在仁智双运中,阳刚之智为后天培养,重其老成,所以三男不取少男(艮卦)而从中男(坎卦)顺及长男(震卦)。坎象重在践行体仁,震象重在致知修智,两者知行合一偏于穷理。阴柔之仁则为先天赋予,回溯原初,所以三女不取长女(巽卦)而从中女(离卦)逆至少女(兑卦)。离象重在静显仁性,兑象重在动悦智性,两者动静无间偏于尽性。这便是四季洗心环节依次配以坎、震、离、兑四卦的原因。

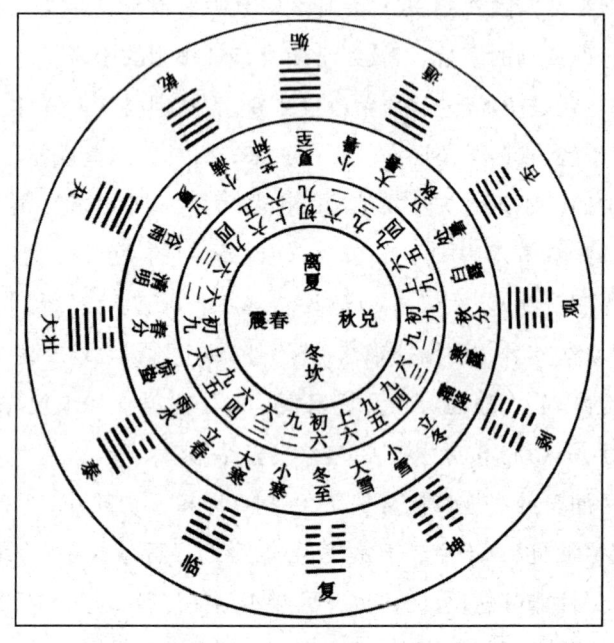

卦气十二消息图

如果进一步展开,又以十二消息卦配属十二个月。十二消息卦依次为复、临、泰、大壮、夬、乾、姤、遁、否、观、剥和坤,共计七十二爻位以配一年七十二候,每候五天。如果某一个节气为十六天,则取前十五天构成三候之数,最后一天为休息日,不安排语录。

从洗心润身的途径方面,整个心性修养过程可以用三个层次的体用关系来说明。我们可以视四季卦为体与十二消息卦为用,构成第一层体用关系。

四季卦之中又分两层体用关系:坎卦代表行之用与震卦代表知之体构成第二层体用关系,知行合一为智;离卦代表智之用与兑卦代表仁之体为第三层体用关系。于是整个修养体系便可以分成如下四个环节。

第一环节是坎卦代表的冬季,主要从立志勤学开启,通过生活中力行应事和惩忿窒欲,去除不良习性,以助仁性初显,属于预备环节。对应到人脑塑造,则涉及提高前额叶皮层的觉知活性来抑制杏仁体情欲泛滥,为智慧的获得奠定基础。从消息卦象来看,就是从复卦的一阳初动,直到泰卦的三阳开泰,是要除去坎卦中外阴(代表俗精,即种种不良习性)。

第二环节是震卦代表的春季,主要修养阳刚之智,强调力行到致知的合一。对应到人脑塑造,则涉及上脑主行和下脑主知的协调,养成觉知意识能力,属于穷理环节。从消息卦象来看,就是从大壮充实之象,直到乾卦纯阳之态的达成,是通过震雷之力修养出坎水中的金情之阳(也称元精,代表智性觉知能力)。

第三环节是离卦代表的夏季,通过觉知意识能力来引领出感受意识能力(所谓元精引元神),对应人脑塑造,则涉及内脑与外脑的平衡,获得仁爱体验效果,属于尽性环节。从消息卦象来看,就是从姤卦的一阴初退,直到否卦心性呈现,通过退符去阴显阳,修养离火中的木性(也称元神,代表仁性感受能力)。

第四环节是兑卦代表的秋季,这是收获的季节,通过兑卦的悦入之法,将觉知智性与感受仁性两厢融合来达成心性显现。对应人脑塑造,则涉及左脑与右脑联合感应,达到觉悟的最高心性境界,属于最后的至命环节。从消息卦来看,就是从观卦到坤卦,完成金情与木性交并,代表心性圆成,所谓至命。

在易道洗心中"消息"有特指的含义。十二消息卦,乃阳息六卦和阴消六卦,对应乾坤两卦十二爻。在李道平所著述的《周易集解篡疏》中记有黄侃所注云:"乾者阳生为息,坤者阴死为消。"因此,所谓"息"是指"阳生",表现为阳爻递增;所谓"消"是指"阴死",表现为阴爻递减。在内丹功法中则规定进火为息,退符为消。

在我们这里洗心润身功法中,"息"是指阳生或进阳火,寓意进升觉知以获得智慧,所以润身;"消"是指阴死或退阴符,寓意退降弊障以彰显仁爱,所以洗心。因此，前面六个是息卦，强调不断进升阳火，直至乾象，寓意阳刚之智。后面六个是消卦，强调不断退降阴符，直至坤象，寓意阴柔之仁。这样通过前面所述的四个环节的体用关系的修养，实际体现的就是仁智双运的途径。仁智双运的结果便是天命所赋之性的显现，所谓"穷理尽性以至于命"，而治心最终目的就是要恢复这个天命之性，也是精神本性。

仁智双运在易道洗心中就是达到乾知坤能：乾知之智，是六个息卦对应达成之目标；坤能之仁，六个消卦对应达成的目标。《周易·系辞》说："乾以易知，坤以简能。易则易知，简则易从。易知则有亲，易从则有功。有亲则可久，有功则可大。可久则贤人之德，可大则贤人之业。易简而天下之理得矣。天下之理得，而成位乎其中矣。"这里"贤人之德"就是"自强不息"之盛德，是乾知之智；"贤人之业"则是"厚德载物"之大业，是坤能之仁。

不过，易道洗心的简易之道虽然分为乾知之智和坤能之仁两个方面，但是须知乾知与坤能是易道一体两面，代表不可分离互为其根的阴阳关系。只是为了讲述方便，从修习心理品质的倾向不同，才加以分别阐述其达成的方法途径，实际上两者是相辅相成的一个易道心性的两个方面。坤能偏于修仁，乾知偏于修智，两相合一才是易道洗心的结果：成就的心性，不过就是易道所成之性。

所以《周易·系辞》中说："一阴一阳之谓道，继之者善也，成之者性也。仁者见之谓之仁，知者见之谓之知。百姓日用而不知，故君子之道鲜矣。显诸仁，藏诸用，鼓万物而不与圣人同忧，盛德大业至矣哉。"于是，遵循"显诸仁，藏诸用"仁智双运途径，通过每个节气对应一个心性修养主题，每日一则语录及其解读的形式，就可以来指导民众日常修身养性的活动。

需要强调指出的是，虽然所收录的这些洗心润身语录篇幅短小，却蕴涵着穷理尽性的途径，都是纯粹中正之性理治心方法，适合日常修习。因此，这些洗心润身语录或可以有助民众在日常生活中，时时提醒自己，日常修习。读之虽不能一时彻底觉悟自性，但对于维持此心，定会有所益处，久之也定会有极大的收益，赢得属于自己的健康幸福生活。

为了读者能够对这部读物内容先有一个概要性的了解，也作为《穷理尽

性》宗旨概括,特赋诗一首(其中包含二十四节气对应的心性修养主题):

> 立志勤学始,力行应事宁。
> 惩忿窒欲念,改过克己清。
> 读书讲学归,格物穷理明。
> 静坐正心体,持敬慎独兴。
> 省察存养意,为善感应灵。
> 尽性知命处,集义淑世情。

为学之道,原则上都是"显诸仁,藏诸用"上的事。所以仁智双运,便是心性修养的核心途径。在《论语注疏·雍也》中孔子说:"仁者静,智者动。"而子思在《中庸》中说:"成己,仁也;成物,知(智)也。性之德也,合外内之道也。"《二程遗书》接着说:"成己须是仁,推成己之道,成物便是智。"强调的都是仁智双运原则。

因此,宋明性理之学的具体心性修养途径既包括静坐、正心、持敬、慎独、省察、存养这类仁静功法,又包括改过、克己、读书、讲学、格物、穷理这类智动功法,当然更要有力行、应事、惩忿、窒欲、为善、淑世这类践行功法。总体上讲,所有这些修养功法对于疗愈心理问题都有很好的效果。如果一定要加以区分,相对而言,仁静类功法对治抑郁效果更佳,智动类功法对治焦虑效果更佳,践行类功法对治恐惧效果更佳。

在《礼记正义·中庸》中,孔子对三类功法的效用就有比较明确的论述,那就是:"好学近乎知,力行近乎仁,知耻近乎勇。知斯三者,则知所以修身。知所以修身,则知所以治人。知所以治人,则知所以治天下国家矣。"孔子的回答就是要好学尽知、力行近仁和知耻近勇。从心性修养的效果角度讲,知(智)、仁、勇三者的修习,是可以达到美好的心理品德的。在《论语注疏·宪问》中,孔子就说:"仁者不忧,知者不惑,勇者不惧。"也就是说,仁爱可以治忧患之心(贪欲、忧虑),智慧可以治迷惑之心(焦虑、愤怒和沉迷);而勇可以治恐惧之心。

当然，如果考虑到《论语注疏·宪问》中孔子所说的"仁者必有勇，勇者不必有仁"，那么知（智）、仁、勇三者的要求，就可以约简到仁智之上：仁爱可以治贪欲、忧虑与恐惧之心；智慧可以治焦虑、愤怒和沉迷之心。所以孔子在《论语》诸多品德修养的论述中，更多涉及的是仁与智的相辅相成。

心性修养的基本目的就是要恢复仁善之性，去除贪欲、忧虑、焦虑、愤怒、沉迷和恐惧等一切不良的放逐之心。正如《孟子注疏·尽心》所说："学问之道无他，求其放心而已矣。"对此，《朱子语类》指出："学者须是求放心，然后识得此性之善。人性无不善，只缘自放其心，遂流于恶。"所以我们引述圣道修身养性宗旨作为修养准绳，就是希望民众通过这些具体的洗心润身修养功法来找到疗愈精神健康的途径。

实际上，心性修养就是克己私心。有私己则贪欲，因恐惧则怀忧，常怨恨即为嗔，入沉迷则痴生。我们给出的洗心润身修习途径，就是要信行去惧（第一环节坎象）、智慧去惑（第二环节震象）、仁爱去忧（第三环节离象）、诚明去嗔（第四环节兑象）。如此刚柔相济，但能够持之以恒，就可以"穷理尽性以至于命"。

何为穷理尽性以至于命？在《二程遗书》中程颐指出："理也，性也，命也，三者未尝有异。穷理则尽性，尽性则知天命矣。天命犹天道也，以其用而言之则谓之命，命者造化之谓也。"也就是说，从根本上讲穷理、尽性和至命是三位一体的，不可分别。当然，如果读者一定要一探究竟，那么可以引用宋明性理学家的语录来加以分析论述。

对于穷理，明儒周瑛寓书李大厓以辩之曰："所谓穷理者，非谓静守此心而理自见也，盖亦推之以及其至焉耳。积累既多，自然融会贯通，而于一本者自得之矣。"这里强调是通过致知积累，及到融会贯通之日，便是穷理之时。而所谓融会贯通就是如宋儒胡安国尝答曾几书所说："知至理得，不迷本心，如日方中，万象皆见，则不疑所行而内外合也。"就是要内外合一，不迷本心。

对于尽性和至命，明儒王时槐《答邹子尹》书信中指出："尽性者，完我本来真常不变之体。至命者，极我纯一不息之用。而造化在我，神变无方，此神圣之极致也。"所谓尽性，就是恢复本有仁性；所谓至命，就是自己所知所行无不合于自然造化。须知心性本来就是天命所赋值，所以尽性与至命其实是不可分开的。

正如明儒薛瑄所说:"天道流行,命也,命赋于人,性也,性与心俱生者也。性体无为,人心有觉,故心统性情。"所谓"天命之谓性",至命就人而言就是尽性至诚。至诚者,心性空灵者,故可以赞化育者,夺造化之功,尽终其天年。

统而言之,穷理尽性以至于命,就是成就知天命的凝道境界。明儒黄润玉在《海涵万象录》中总结说:"穷理者道之体斯明,尽性者道之体斯行,至命者道之原斯达,故邵子曰:非道而何?"如果说,穷理是通智,尽性是达仁,那么至命就是仁智融和而明道显性。所以归结起来,穷理尽性以至于命就是仁智双修达成的最高目标。

不过对于初学者,不可有好高骛远之心。初学修身养性者,将以勤勉为训,专心致志,心不二用,久之自然有洒脱究竟之时。宋儒李侗指出:"为学之初,且当常存此心,勿为他事所胜。凡遇一事,即当且就此事反复推寻,以究其理。待此一事融释脱落,然后循序少进,而别穷一事。如此既久,积累之多,胸中自当有洒然处,非文字言语之所及也。"欲想彻悟,先要积累,世上没有不先积累而有彻悟之功者。

明儒刘文敏说:"千事万事,只是一事,故古人精神不妄用,惟在志上磨砺。"修身养性最忌圆滑,但磨砺心志即是。切记,口耳之学,无益于身心,修养之要,专以返躬实践,悔过自新为主。

只要不懈努力,依靠自己努力和信心,总有达成"穷理尽性以至于命"的一天。到得那时,便可以体会到至命境界,所谓天机流行,其实都是自然而然的事,非人力所能为。明儒唐顺之在《与王道思》书信中说:"尝验得此心,天机活泼,其寂与感,自寂自感,不容人力。吾与之寂,与之感,只是顺此天机而已,不障此天机而已。障天机者莫如欲,若使欲根洗尽,则机不握而自运,所以为感也,所以为寂也。"顺从自然,天机流行,方得自在快活,说得多么精辟!

确实,我们真正获得快乐自在一定不是因为控制,而是放下控制。所谓不由人力,天机流行(用现代的话讲,就是常显心流的心理状态),自然便是乐处。道心纯乎自然,人心困于思虑。消融了人为思虑,则自有乐心流露,活泼自然。

总之,通过显诸仁来修正自己的不良行为习惯;通过藏诸用则来转变自己的不良思维习惯；然后可以无将迎、无内外、无物我，真正去除贪欲、忧虑、焦虑、愤怒、沉迷和恐惧等一切不良心态，从而获得健康（仁者寿）和幸福（智者乐）的生活！

倘若读者明白上述仁智双运途径的要领，那就开始行动吧。读者可以遵循这部《穷理尽性》所给出一种日常修身养性的具体途径，日行一语，开展为期一年的洗心润身修养活动。需要切记，每日研读一则语录，然后身体力行，终年之后必见成效！谨记！谨记！

# 第一环节　坎陷励志(冬)

坎象喻水,外阴内阳;外阴者喻习染,内阳者喻阳智(金情),所谓"水中金"。坎卦《象传》说:"'习坎',重险也。水流而不盈,行险而不失其信。'维心亨',乃以刚中也。'行有尚',往有功也。天险不可升也,地险山川丘陵也,王公设险以守其国。险之时用大矣哉!"所谓习坎就是要通过行险励志。所以坎卦《象传》说:"水洊至,'习坎'。君子以常德行习教事。"日常生活中,当以"常德行习教事",然后可以成为君子。

坎卦

《周易·说卦》说:"雨以润之",是因"润万物者,莫润乎水"。平常生活中,心性修养不易,平时习染顽固难消,会遇到种种坎坷险难,就需要信心,方能"行有尚"。人要经过磨难才能从困苦中获得人生感悟。对治途径就是"君子以常德行习教事"。注意,这里"行习"两字,不可读破。因此,穷理尽性的第一环节,就是要开展磨炼心志的修养活动,用习坎之水滋润心性,所谓"润之以风雨"。具体目标是通过习坎克难之法,来训练培养修养践行者的"自信心"。

# 一、子　复卦消息

复卦《象传》说："'复，亨'，刚反动而以顺行，是以'出入无疾'，'朋来无咎'。'反复其道，七日来复'，天行也。'利有攸往'，刚长也。复，其见天地之心乎。"复卦《象传》说："雷在地中，复。先王以至日闭关，商旅不行，后不省方。"复卦初爻为阳爻，寓意一阳初动，天心来复。这里"动而以顺行"之"动"便指阳动；"'七日来复'，天行也"，是指卦象六爻，一日一爻轮转，七日回到初爻，寓意天行法则。

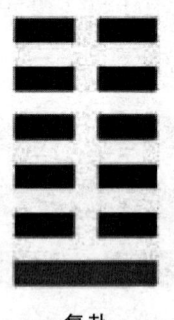

复卦

复象应乾卦初九。乾卦初九爻辞："潜龙勿用。"乾卦初九《象传》说："'潜龙勿用'，阳在下也。"乾卦《文言》说："龙德而隐者也。不易乎世，不成乎名，遁世无闷，不见是而无闷，乐则行之，忧则违之；确乎其不可拔，'乾龙'也。"又说："'乾龙勿用'，下也。"再说："'乾龙勿用'，阳气潜藏。"所谓阳气潜藏，潜藏于下。龙者，阳物也；潜龙者，潜伏于坎水之阳（阳智）。因此修养阳刚之智当从乾卦初九开其端，以成就一阳来复，复见天地之心（喻阳智）。

复卦消息，对应冬至立志与小寒勤学两个节气的修养环节。作为希圣希贤的心性修养，立志则自然要立为学圣之志。对此，在《朱子语类》中朱熹说："学者大要立志，才学，便要做圣人是也。"记住，志无大小之分，只是要学圣之志便好。修身养性，先当立志，然后从勤学圣贤之道开始。

## (一)冬至立志

邵雍在《伊川击壤集》中有诗曰:"冬至子之半,天心无改移。一阳初动处,万物未生时。"冬至来临,一阳来复,君子学道,先要立志。在《论语注疏·子罕》中孔子指出:"三军可夺帅也,匹夫不可夺志也。"宋儒谢谔语录说:"人之立志,要以圣贤自期。毫末私意不介胸中,然后能与圣贤相似。"一句话,立志当以圣贤自期。

坎卦初六《象传》说:"'习坎'入'坎',失道凶也。"坎卦初位为阴爻,不应复卦初位之阳爻,故占之为"凶"。唯有立志阳动,方能逢凶化吉。在《张子正蒙》中张载指出:"君子之道,成身成性以为功者也。未至于圣,皆行而未成之地尔。"因此要立学道之志,就是要收起放纵之心,回到圣道上来。

## 第01候
### 复卦初九《象传》说："不远"之复，以修身也。

冬至第1天。修身先须立志，归复立"不远"切己修身之志。首先，学习者要立志。确立志向，是做人不可或缺的关键。宋儒吕祖谦指出："学者志不立，一经患难，愈见消沮。所以先要立志。"可见立志之重要！需要明白成大事者，遭遇患难险阻而无所畏惧，都是始于立志。

冬至第2天。明儒徐阶有言："为学只在立志，志一放倒，百事都做不成。"因为志向就如驾驶汽车的方向盘，没有了方向，就如无头苍蝇，茫茫不知所终。这些都是强调立志的重要性，希望引起修行者的重视。

冬至第3天。当然，光立志还不够，所立志向还要坚定。明儒尤时熙在《西川拟学小记》中说："心体把持不定，亦是吾辈通患，只要主意不移，定要如此，譬之行路，虽有倾跌起倒，但以必至为心，则由我也。"凡立志要有坚定志向，摆脱迷茫和盲信，确立修身信心，否则立志就是一句空话！

冬至第4天。遗憾的是，许多民众生活在困顿之中，却不思修身，自甘随波逐流，日趋浑噩。明儒邹元标指出："学者有志于道，须要铁石心肠，人生百年转眄耳，贵乎自立。"修行者切要努力珍惜时光，万万不可如此自弃！吾辈都要牢记人生转眼倏忽而逝，须要立志圣道，方可不负此生。

冬至第5天。宋儒何基语录说："为学立志贵坚，规模贵大，充践服行，死而后已。"我见有修行而无功而返者多矣，皆由立志不坚、志向不明之故。有半途而废者，有畏难却步者，有三心二意者，更有于名利竞奔之后聊以自慰者，甚至于有要名结好者、附庸风雅者！凡此种种，皆因无学圣志向的原因，不可不引起警醒！

## 第02候
### 复卦六二《象传》说:"休复"之吉,以下仁也。

**冬至第6天。**明白立学圣之志,还有一个问题需要明确,那就是学什么的问题。明儒何祥指出:"人只是一个心,心只是一个志,此心推行得去,便是盛德大业。故自古上士,不患不到圣贤,患此心不存;不患做不出功业,患此心不见道耳。"学为圣贤,要旨就在不至不休,以治心为要直到恢复仁性,所谓"以下仁也"。

**冬至第7天。**可叹眼下民众对于各种讲学与培训如饥似渴盲目跟风,不问正邪,不明真相,甘愿接受异端邪说洗脑,往往无助于心身健康幸福生活。明儒胡居仁曰:"学一差,便入异教,其误认圣贤之意者甚多。"所以立学圣之志,就是要成身成性以适道,然后就可以立身于世、权谋于事而不违道。

**冬至第8天。**所立之志当然应该明确宗旨,所谓知其根本。明儒湛若水论学书说:"夫学以立志为先,以知本为要。不知本而能立志者,未之有也;立志而不知本者有之矣,非真志也。志立而知本焉,其于圣学思过半矣。"所以,要立知本之志,然后假以时日洗心润身,才能够日趋向好。

**冬至第9天。**那么何为知本之志呢?明儒邹德涵在《聚所先生语录》中说:"凡功夫有间,只是志未立得起,然志不是凡志,须是必为圣人之志。"或许人们会觉得自己渺小,不敢以圣贤期许。但要记住,志无大小之分,只看志向是否仁善。圣人之道,仁爱指南,只有立学圣之志,就是真立志,最终才能"以下仁也"。

**冬至第10天。**那么,又应该如何才是学圣知本呢?明儒王畿在《斗山会语》中说:"立志不真,故用力未免间断,须从本原上彻底理会。种种嗜好,种种贪着,种种奇特技能,种种凡心习态,全体斩断,令干干净净从混沌中立根基,始为本来生生真命脉。此志既真,工夫方有商量处。"先将种种不良习气全体斩断,便是真立志知本者,是立志为圣者。

## 第03候
### 复卦六三《象传》说："频复"之厉，义无咎也。

**冬至第11天。** 王弼注云："复道宜速，蹉而乃复"是为"义无咎"。明儒邓以赞说得好："学问从身心上寻求，纵千差万错，走来走去，及至水穷山尽，终要到这路上来。"修习者须知，凡圣同此心性，皆为天命所赋，存心养性便要入见圣道，穷理尽性。凡立志修炼者，都要记得确切！

**冬至第12天。** 宋儒司马光在《温公迂书》"学要篇"中说："学者，所以求治心也。学虽多而心不治，何以学为！"在"治心篇"又说："小人治迹，君子治心。"我们生活中之所以有那么多的烦恼和负面情绪，就是因为生活态度出了问题，治心就是让人们养成良好的生活态度。

**冬至第13天。** 那么如何来治心呢？明儒何克斋在《讲义》中说："人于良心上用，则聪明日增，于机心上用，则聪明日减。"守其良心而用智，常处蓄势待发之几，又无急迫之情困扰，便可成就沛然从容之境，可应万事。世事纷扰源自心源；自心沛然从容，则应世处事无不沛然从容！

**冬至第14天。** 还有一点，虽说满街都是圣人，人人都能成圣，但大多数民众或多或少都有自卑之心，不敢以圣贤期许。在《朱子语类》中朱熹为此专门强调："凡人须以圣贤为己任。世人多以圣贤为高，而自视为卑，故不屑进。"修身养性要树立自信之心，千万不可自视卑微，当努力勤修，坚定立圣之志。

**冬至第15天。** 最后强调，只要目标明确，横下为己成圣志向，定能功到自然而成。明儒耿定向在《与周少鲁》书信中说："此学只是自己大发愿心，真真切切肯求，便日进而不自知矣。盖只此肯求，便是道了。求得自己渐渐有些滋味，自家放歇不下，便是得了。"所谓一入圣门，便自然有收获。

## （二）小寒勤学

小寒时节，自然以勤学圣道为第一要务。在《论语注疏·学而》中孔子说："学而时习之，不亦说乎？"岂虚言哉！修习圣道，自当勤学。当然，勤学的目的在于为己，所以在《论语注疏·宪问》中孔子又说："古之学者为己，今之学者为人。"强调勤学就是应该培养自己的德操并履而行之，所谓"为己"；而非徒于人前卖弄学问，所谓"为人"。

坎卦九二《象传》说："'求小得'，未出中也。"为人而学是"求小得"，因其"履失其位"，故未能出险之中。当以勤学为己，志诚好学为本，方不失其位。宋儒司马光《温公潜虚》说："好学，智之始也。"王阳明在给诸生的《教条》中说："已立志为君子，自当从事于学。凡学之不勤，必其志之尚未笃也。从吾游者，不以聪慧警捷为高，而以勤确谦抑为上。"可见，无论资质高低，志诚好学才是根本。

## 第04候
## 复卦六四《象传》说:"中行独复",以从道也。

**小寒第1天**。复卦六四独自应初阳之动,不忘初心。宋儒陈襄在《送章衡序》中说:"好学以尽心,诚心以尽物,推物以尽理,明理以尽性,和性以尽神。"所以,无论是尽心尽物、尽理尽性,还是最终的和性尽神,勤学必以圣道为准则,方不负立志为圣之初心。然后,可以从容洗心润身,不断提升自己的心理品质。

**小寒第2天**。当然,不管成就的是哪种心理品质,都是要通过好学来实现的。宋儒杨庭显说:"好学之心一兴,则凡在吾身之不善自消,至于面目尘埃亦去矣。"可见除蔽解惑,消除不善,好学之为关键途径!

**小寒第3天**。明儒刘文敏指出:"友朋中有志者不少,而不能大成者,只缘世情窠臼难超脱耳。须是吾心自作主宰,一切利害荣辱,不能淆吾见而夺吾守,方是希圣之志,始有大成之望也。"养成良好习惯,重塑边缘系统,需要长期训练;何况是要成就圣道之事业,更应该加倍努力,砥砺前行。

**小寒第4天**。人们往往安于困顿现状而不思改变,所谓习惯成自然,甘于浑浑噩噩而累及于身。针对此种情况,明儒罗汝芳答曰:"却倒说了。不知吾人只因以学为难,所以累于身家耳。"所以要想心身无累,自当奋勇正行勤学,一心一意洗心润身,不要管他人毁誉议论,方不负立学圣之志!

**小寒第5天**。所谓勤学,犹如种植庄稼,唯在殷勤劳作。在《赠郭善甫归省序》中王阳明说:"君子之于学也,犹农夫之于田也,既善其嘉种矣,又深耕易耨,去其蟊莠,时其灌溉,早作而夜思,皇皇惟嘉种之是忧也,而后可望于有秋。夫志犹种也,学问思辩而笃行之,是耕耨灌溉以求于有秋也。"所以,学圣途中,唯有好学不辍,才能见得效应。

### 第05候
### 复卦六五《象传》说："敦复，无悔"，中以自考也。

  **小寒第6天**。复卦六五居厚可以无怨，所以可以自考。明儒罗汝芳指出："吾人只能专力于学，则精神自能出拔，物累自然轻渺。莫说些小得失，忧喜毁誉荣枯，即生死临前，且结缨易箦，曳杖逍遥也。"大凡不肯发心自考其学，将来遭遇了人生困境，必斯将滥也！可不警醒？！

  **小寒第7天**。明儒方孝孺在《侯城杂诫》中指出："人或可以不食也，而不可以不学也。不食则死，死则已。不学而生，则人于禽兽而不知也。与其禽兽也宁死。"此为何等之决心！向死而生，然后可以立下勤学根基。

  **小寒第8天**。那么如何发奋勤学呢？发奋勤学当以平心持久为本。宋儒张九成在《横浦心传》中指出："学问于平淡处得味，方可以入道。不然，则往往流于异端，不识真味，遂致误人一生。"可见中正圣道，平常中和，淡若秋水。若一味追求秘诀、神通或异人，则必入异端，则危害匪浅。

  **小寒第9天**。当然，对于圣道修习者，也有根器资质差异之说，用功也不相同。正如朱熹在《朱子语类》所言："有资质甚高者，一了一切了，即不须节节用工。也有资质中下者，不能尽了，却须节节用工。"不过，我要提醒修习者，最好将自己当作资质中下者，切不可自视过高。

  **小寒第10天**。虚心能够促进人们发奋努力，骄傲则常常使人故步自封。明儒杨爵就指出："智者自以为不足，愚者自以为有余。自以为不足，则以虚受人，进善其无穷矣。自以为有余，必无孜孜求进之心，以一善自满，而他善无可入之隙，终亦必亡而已矣。"有志勤学圣人之道者，当以此语时时警醒自己。

## 第 06 候

### 复卦上六《象传》说："迷复"之凶，反君道也。

**小寒第 11 天**。上六迷复，勤学要打消速成的念头，进退不定为之不祥。艰苦用功长久，方有一旦豁然之时。若存有"想尽快从修习中得到好处"便离圣道渐行渐远了，这样的修行还是不修为好。宋儒胡宏在《胡子知言》中指出："学贵大成，不贵小用。大成者，参于天地之谓也。小用者，谋利计功之谓也。"能够透过此关，便是日用之道。治心之学，不学则已，学必大成而后能至善，所谓止于至善。

**小寒第 12 天**。学习圣道，不可安于小成，停留在口耳传诵之间。对此，宋儒吕祖谦谆谆教导说："学者所以徇于偏见，安于小成，皆是用功有不实。若实用功，则动静语默，日用间自有去不得处，必悚然不敢安也。"这里动与静、语与默皆为相辅与相成，若不能动静无间，语默俟几，则终非大成之象。切记，切记！

**小寒第 13 天**。宋儒司马光在《温公迁书》"释迁篇"中指出："夫树木，树之一年而伐之，足以给薪苏而已。三年而伐之，则足以为桷。五年而伐之，则足以为榱。十年而伐之，则足以为栋。岂非收功愈远而为利愈大乎？"学问贵在积累，用功唯在持久。须知，用功越久，收获越大，显然之理。

**小寒第 14 天**。勤学圣道，贵在坚持不懈。且不要成为《朱子语类》所言："今人做工夫，不肯便下手，皆是要等待。"而是要做到："为学须是痛切恳恻做工夫，使饥忘食，渴忘饮，始得。"如此，方是为学圣的样子，方会有学业的进步。

**小寒第 15 天**。当然，修行方法要因人、因时、因地制宜，总以方便自己的生活、能够长久坚持为好。如果难以把持，当依止明师益友作为榜样，潜移默化，以践行"进德修业"之道。倘如一时师友无所依靠，也要发愤而"乐以忘忧"，不可等待，蹉跎了岁月。宋儒杨庭显在《慈湖先训》中说："学有进时，如龙换骨，如鸟脱毛，身与心皆轻，安享福无已。"岂不美哉！

## 二、丑　临卦消息

临卦《彖传》说:"临,刚浸而长,说而顺,刚中而应,大亨以正,天之道也。至于八月有凶,消不久也。"临卦《象传》说:"泽上有地,临。君子以教思无穷,容保民无疆。"内为兑说,外为坤顺,内外相应,所以说"刚中而应,大亨以正,天之道也"。所以治心修习,内修当以心悦善性为正,以达"教思无穷";外修当以柔顺仁爱为正,可以"保民无疆";两者相辅相成则顺乎天道。

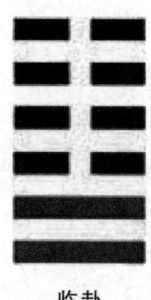

临卦

临象应乾卦九二。经过复卦消息修养一阳初动有效,便有"见龙在田"之象。乾卦九二爻辞曰:"见龙在田,利见大人。"乾卦九二《象传》说:"'见龙在田',德施普也。"乾卦《文言》说:"龙德而正中者也。庸言之信,庸行之谨,闲邪存其诚,善世而不伐,德博而化。《易》曰'见龙在田,利见大人',君德也。"又说:"'见龙在田',时舍也。"再说:"'见龙在田',天下文明。"阳智出现,便是"大人"(有龙德而正中者),便当"德施普也",所以言必信、行必谨;闲其邪、存其诚,皆力行应事之则。

临卦消息,对应大寒力行与立春应事两个节气的修养环节。言必信、行必谨是应事上的修为;闲其邪、存其诚是力行上的修为。两者相辅相成,是为"'见龙在田',利见大人"之效果。明儒郝敬在《四书摄提》中指出:"博士家终日寻行数墨,灵知蒙闭,没齿无闻,皆沿习格物穷理,先知后行,捕风捉影,空谈无实。学者求真知,须躬行实体,行之而后著,习矣而后察,向日用常行处参证,自然契合。"可见,力行应事乃修道处世之始。

穷理尽性：卦说节气洗心，语录日用润身

## （三）大寒力行

世间大寒，最当力行，忍辱负重。在《孟子注疏·尽心》中孟子认为："人之有德慧术知者，恒存乎疢疾。独孤臣孽子，其操心也危，其虑患也深，故达。"也就是说，只有时刻处于"患难"之中，方能够"其操心也危，其虑患也深"，然后通过这样的"心志磨炼"，才能够有所成就（故达）。

坎卦六三《象传》说："'来之坎坎'，终无功也。"坎象当此之时，处于两坎之间，唯以力行磨难，方可免于"无功"之征。所以在《孟子注疏·尽心》中孟子说："故天将降大任于斯人也，必先苦其心志，劳其筋骨，饿其体肤，空乏其身，行拂乱其所为，所以动心忍性，曾益其所不能。"这里"苦其心志"就是要通过人生困苦来磨炼心性。因为在《论语注疏·子罕》中孔子说："岁寒然后知松柏之后凋也。"唯经过磨炼，才能有所进步。

## 第07候
## 临卦初九《象传》说："咸临贞吉"，志行正也。

**大寒第1天**。王弼注云："以刚感顺，志行其正，以斯临物，正耳获吉也。"行当以正，必力行圣贤之道。宋儒陆九龄在《与沈叔晦》信中指出："有终日谈虚空语性命而不知践履之实，欣然自以为有得而卒归于无所用，此惑于异端者也。"凡学而不习、知而不行，皆如异端！须知，凡事学然后有真知，修然后能正行，真知正行合一，便是圣人。

**大寒第2天**。当尹彦明问："如何是道？"宋儒程颐曰："行处是。"因为"学有所得，不必在谈经论道间，当于行事动容周旋中礼者得之"。徒能口说，不能行之，非圣贤之道。可见，力行是圣道性理治心着重强调的环节。

**大寒第3天**。何为不失其本？何为从容应对？在《皇极经世书》中邵雍说："能处人所不能处之事，则能为人所不能为之事也。"至于修行或修为的宗旨，就是要将刻意的有为转化为自觉的无为，这便是顺其自然法则而为的意思。

**大寒第4天**。宋儒杨时在《寄翁好德》书信中说："夫至道之归，固非笔舌能尽也。要以身体之，心验之，雍容自尽，燕闲静一之中默而识之，兼忘于书言意象之表，则庶乎其至矣。反是，皆口耳诵数之学也。"经常接触一些希望或正在修行的人，言谈之间似乎道理都是明白的，却大多自觉难以身体力行。

**大寒第5天**。那么对于心性存养而言，践行的目的又是什么呢？明儒邹德涵指出："实践非他，解悟是已。解悟非他，实践是已。外解悟无实践，外实践无解悟。外解悟言实践者知识也，外实践言解悟者亦知识也，均非帝之则，均非戒慎之旨。"圣学就是做到在事上磨出洒脱来，而异端则徒有口能。这就是异端与圣学的根本区别。

第08候
临卦九二《象传》说:"咸临,吉,无不利",未顺命也。

大寒第6天。宋儒吕祖谦有语录说:"忧患中最是进德处,深味自致之语,识情性之极,而以哀敬持之,则心之本体,斯常存矣。"所谓修行、修行,关键在践行,不在徒有道理的明白。自然平和之心态,不是一蹴而就的。何为知易行难?虽未"顺命",力行之感临,"吉,无不利"。

大寒第7天。更重要的是,心性必须要在患难中磨炼。宋代辅广先生说:"人不经忧患、困穷、顿挫、折屈,则心不平,气不易,察理不尽,处事多率,故人须从这里过。"也就是说,只有通过这样的"心志磨炼",才能够有所成就。

大寒第8天。所以说,越不利的生活,越值得一过,孟子所谓"苦其心志"云云之类。宋儒陆九龄在《与李德远》书信中就说:"古之君子,往往多出于羁艰困厄愁忧之中,而其学日进。某独日以汩没,触事接物,习情客气时起于其间。"如何应对"习情客气",除却力行克之,别无他途。

大寒第9天。明儒刘宗周也说:"心须乐而行惟苦,学问中人无不从苦处打出。"历练心性,都是从苦处打拼出来。现代人养尊处优,不能吃苦,所以遇事不能从容,徒生许多心理问题。当然,遭遇困苦患难,要能够从容应对,不可陷于其中而沉沦。

大寒第10天。如何才能够力行以历练心性呢?明儒邹元标指出:"横逆之来,愚者以为遭辱,智者以为拜赐;毁言之集,不肖以为罪府,贤者以为福地。小人相处,矜己者以为荆棘,取人者以为砥砺。"也就是说,生活磨炼是最好的修行,困顿处境恰是历练心志的机遇,能够从忧患顿挫中走过,方能见得真切本性。

## 第09候

**临卦六三《象传》说:"甘临",位不当也。**
**"既忧之",咎不长也。**

**大寒第 11 天**。王弼注云:"甘者,佞邪说媚不正之名也。"所以临卦六三其位不当。但能尽忧其危,改修圣道,则刚不害正,所以"咎不长也"。明儒唐顺之《答张士宜》说:"惟默然无说,坐断言语意见路头,使学者有穷而反本处,庶几挽归真实。力行一路,乃是一帖救急良方。"力行危难之境,可以使危不害正。

**大寒第 12 天**。明儒吴与弼说:"人之遇患难,须平心易气以处之,厌心一生,必至于怨天尤人,此乃见学力,不可不勉。"就说人们的平和之心吧,遇事难免就会生气,甚至动怒。可见明白道理是一回事,生活践行却是另一回事。

**大寒第 13 天**。宋儒陆九龄在《答王汉臣》书信中指出:"身体心验,使吾身心与圣贤之言相应,择其最切己者,勤而行之。"须知,任何刻意而为的作为都是有为,不如自然而然的切己修为来得彻底。不是要证明给别人看,而是自证身体力行,重要的是改变自己的内在德性而不是外在装饰。

**大寒第 14 天**。宋儒吕祖谦指出:"切要工夫,莫如就实。深体力行,乃知此二字甚难而有味。"要之,学道在于身体力行,不可有刻意伪作之心。比如我们大抵在网上议论,个个都是正义的化身、爱心的使者、真理的护卫。但在现实生活中却假话连篇、见死不救、明哲保身,都充当冷漠无情的看客,正义、爱心和真理,统统抛到九霄云外!

**大寒第 15 天**。在事上磨,力行上过得去方见学力。宋儒范浚《答罗骏夫书》说:"处人所难处,始见学力至与未至。士当以弘毅自期,乃能任重而力行不息,居困而心亨自如。"所以,问题并不在于认知什么道理,而在于身体力行。凡能够力行而不息,才能坦荡面对困苦逆境而用心自如。不过说起来容易力行不懈却难,须知此事非花大力气不可。

## （四）立春应事

立春生机，洒扫应对。洒扫应对是要落实到具体的生活应事接物之中，并且常处自在和愉悦的心境之中。比如，《论语注疏·述而》记录孔子日常起居就常处自在愉悦的状态："子之燕居，申申如也，夭夭如也。"甚至在俭朴的生活之中，照样不改其乐，正像孔子自述的那样："饭疏食饮水，曲肱而枕之，乐亦在其中矣。"

坎卦六四《象传》说："'樽酒簋贰'，刚柔际也。"虽然简约如"樽酒簋贰"，照样"于刚柔相比而相亲"，常怀至诚之意。明儒邓以讃在《定宇语录》中有言："居家处事，有不慊意处，只求本体常真，有一毫求人知意思，就不是，只以至诚相处。"居家应事之则，在刚柔至诚之际。

## 第10候
**临卦六四《象传》说："至临，无咎"，位当也。**

**立春第1天。** 王弼注云："处顺应刚，……，履得其位，尽其至者也。"宋儒杨庭显说："大中至正之道，近在日用，见于动静语默，不必他求。"可见日用行事，"至临无咎"；切实去做，便是中正之道，可以复见天地之心。

**立春第2天。** 或有人说，日常生活为俗务所累，哪有时间修养心性！对此，宋儒张九成《横浦日新》说："道非虚无也，日用而已矣。以虚无为道，足以亡国。以日用为道，则尧、舜、三代之勋业也。"可谓至理名言。其实说起来也很简单，日用之间随处皆有道显，所谓日用即是道。洗心润身，正要在日常俗务中修来，方才有实效。

**立春第3天。** 明儒蔡汝楠在《端居窹言》中说："圣贤地位，非可想像，只圣贤事，合下做得洒扫应对，可精义入神。"其实，逃避岂能得到心灵的自在，不过是回避尘世喧嚣，不敢正视现实而已。面对日常生活中的喧嚣竞争而不动声色，方为真心安者。倒是相反，那些好高骛远，不肯从小事做起的，才是离圣道转远了。

**立春第4天。** 切记明儒蔡清《虚斋语要》所言："人之真，常见于饮食言语之末，因仍造次之间，故君子慎独，除邪之根也，不然毕露矣。"心性存养切要脚踏实地从小事做起，方才是进步的阶梯。只有在日常生活中能转物而不被物转，才能得到大自在。如果不能在根本上获得大自在，那么一经遭遇困苦，不良心态就难免毕露而显了。

**立春第5天。** 明儒薛瑄说："工夫切要，在夙夜、饮食、男女、衣服、动静、语默、应事、接物之间，于此事事皆合天则，则道不外是矣。"所以，无事内守，有事外用，能应外境，不为境转，方为真实解脱。

## 第 11 候
## 临卦六五《象传》说："大君之宜"，行中之谓也。

**立春第 6 天**。大君者，上达之象；行中者，下学之则。《二程遗书》说："圣人之道，更无精粗，从洒扫应对至精义入神，通贯只一理。虽洒扫应对，只看所以然者如何。"洒扫应对是下学应事，精义入神是上达循道，"通贯只一理"，就看如何去做了。下学应事之中自有上达循道之理。

**立春第 7 天**。如何下学而上达？应对生活俗事是下学，从生活俗事中体悟那做人的道理便是上达。明儒尤时熙指出："道理只在日用常行间，百姓日用但不知，不自作主宰耳。"但凡自作主宰，日用便是天理。但凡日积月累，以德润身，就是下学上达之道。

**立春第 8 天**。圣学所强调的下学而上达，就是治心宗旨。明儒潘士藻因此指出："须从大处悟入，却细细从日用琐屑，一一不放过。三千三百，皆仁体也，圣人所以下学而上达。"应该说只有下学做好了，就是上达，离开了下学，贪高慕远，去悬空做个上达高明，只是糊弄人。

**立春第 9 天**。当然，如果心中不存一个上达的宗旨，胡乱下学，也是无济于事的。宋儒陈淳语录："道理初无玄妙，只在日用人事间，但循序用功，便是有见。所谓下学上达者，须下学工夫到，乃可从事上达，然不可以此而安于小成也。"所以说，下学与上达，两者相辅相成，才是正路。

**立春第 10 天**。当然，下学学人事，不是样样都要去学，平时涵养之中先要学会舍事，一切不必要的人事能舍则舍，方能培养精神。明儒许孚远在《与邓定宇》书信中说："人事自为简省，未尝不可，若不得省处，即顺以应之。洗涤精神，洒洒落落，无拣择相，更觉平铺实在。操舍存亡，昏明迷觉，总在心而不在境。"不为境迷，自然心中省简无事。

## 第 12 候
**临卦上六《象传》说："敦临"之吉，志在内也。**

**立春第 11 天。** 王弼注云："处坤之极，以敦而临者也。"坤土为仁，敦为内心安适。日用应事，全在"安土敦乎仁"。宋儒汪应辰在《与方叔兴》书信中说："学问之道，止是揆于心而安，稽于古而合，措于事而宜。所以体究涵养，躬行日用，要以尽此道而已。若家务人事，以至应举从仕，终不相妨。"可知，日常生活若能不被事物所牵绊，自然有圣心之气象。

**立春第 12 天。** 是的，只要能够物来顺应，事来应而不藏，就可以养出浩然之气。明儒薛瑄就说："人能于言动、事为之间，不敢轻忽，而事事处置合宜，则浩然之气自生矣。"所以，心中养得宽裕，关键便在日常俗物的应对之中。

**立春第 13 天。** 宋儒吕祖谦说："所谓无事者，非弃事也，但视之如早起晏寝、饥食渴饮，终日为之而未尝为也。大抵胸次常令安平和豫，则事至应之，自皆中节，心广体胖，百疾俱除。盖养生、养心同一法。"日用之间，全在心性涵养功夫，而不在应事接物，中心无滞则皆是顺境。

**立春第 14 天。** 对于人事，关键要做到事过不住心，方能心中无事自在。明儒邓以讚说："人之生也，直如日用之间。人呼我应，人施我答，遇渴即饮，遇饥即食便是。若于此中起半点思维计较，牵强装饰，即谓之罔。"物来顺应，事过不住，随顺自然，才是真境界。

**立春第 15 天。** 总之，俗务洒扫应对，关键在于心处。明儒方学渐在《心学宗》中说："洒扫应对是下，洒扫应对之心是上。"又说："性具于心，谓之道心。善学者求道于心，不求道于事物。善事心者，日用事物皆心也。"因此，安身立命毕竟立于何处？心无是非，随处应物，随时处事，便是究竟。

## 三、寅　泰卦消息

泰卦《彖传》说:"'泰,小往大来,吉亨',则是天地交而万物通也,上下交而其志同也。内阳而外阴,内健而外顺,内君子而外小人,君子道长,小人道消也。"泰卦《象传》说:"天地交,泰。后以财成天地之道,辅相天地之宜,以左右民。"内阳外阴,方能天健地顺交通。内阳则有智,外顺则有仁,所以"君子道长"。

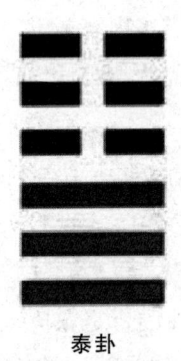

泰卦

泰象应乾卦九三。乾卦九三爻辞曰:"君子终日乾乾,夕惕若厉,无咎。"乾卦九三《象传》说:"'终日乾乾',反复道也。"乾卦《文言》说:"君子进德修业。忠信所以进德也。修辞立其诚,所以居业也。知至至之,可与几也。知终终之,可与存义也。是故居上位而不骄,在下位而不忧。故乾乾因其时而惕,虽危而无咎矣。"又说:"'终日乾乾',行事也。"再说:"'终日乾乾',与时偕行。"在心性修养方面要严格要求自己,做到"夕惕若厉",唯有依靠乾智做到"终日乾乾",方能"与时偕行"。

泰卦消息,对应雨水惩忿与惊蛰窒欲两个节气的修养环节。明儒张后觉说:"真知是忿忿自惩,真知是欲欲自窒,惩忿如沸釜抽薪,窒欲如红炉点雪,推山填壑,愈难愈远。"惩忿窒欲,修身养性首要所在。惩忿要用雨水浇灭忿怒之心火;窒欲则要对欲望的克制,如同惊蛰一样要时刻警惕。此时就需要阳智之乾,方能取得"君子道长"的安泰成效,所谓"终日乾乾,与时偕行"。

## (五)雨水惩忿

雨水克火,正可消解无明之怒火。在《论语注疏·雍也》中哀公问:"弟子孰为好学?"孔子对曰:"有颜回者好学,不迁怒,不贰过。不幸短命死矣。今也则亡,未闻好学者也。"在孔子眼里,不迁怒就是好学的标志之一。所以子思在《礼记正义·中庸》里说:"喜怒哀乐之未发谓之中,发而皆中节谓之和。"便是把包括"怒"在内的情绪皆中节,作为达成良好心态最高境界。

坎卦九五《象传》说:"'坎不盈',中未大也。"王弼注云:"坎之不盈,则险不尽矣。"信心有所欠缺,便难于大其心,遇不平之事,难免忿怒。宋儒程颐语录说:"惊怒皆是主心不定。"可见,治心最难便是惩忿!

### 第13候
### 泰卦初九《象传》说："拔茅"，"征吉"，志在外也。

**雨水第1天。** 王弼对泰卦初九爻辞注云："茅之为物，拔其根而相牵引者也。"治怨也如拔茅，能惩忿者自然也能治理其他不正之心。明儒王畿在《留都会记》中指出："忿不止于愤怒，凡嫉妒褊浅，不能容物，念中悻悻，一些子放不过，皆忿也。"所以惩忿最为关键，可以"征吉"，由内而外"进皆得志"。

**雨水第2天。** 所以克治守中先要"惩忿治惧"，即有忿懥和恐惧之心需要惩治，在《陆九渊集》中陆九渊认为："有所忿懥，则不足以服人；有所恐惧，则不足以自立。"而忿懥和恐惧之心之所以产生，皆因人们随外物所转而不能自立的结果，所谓迁怒于物，迁怒于事，迁怒于人。唯有不被物转而能转物，方能治怒于未兆。

**雨水第3天。** 宋儒程颐认为："忿懥，怒也。治怒为难，治惧亦难。克己所以治怒，明理所以治惧。"也就是说"治怒"要克己，"治惧"要明理。统而言之，程颐认为："忿欲忍与不忍，便见有德无德。"治心最难就是惩忿，因为愤怒的背后是难容于物。唯有宥世耐俗加以接纳，怒惧之心自然不生。

**雨水第4天。** 人们为什么会有忿欲之心？总因立心不定，缺乏自信之定心。宋儒谢良佐有语录说："只如喜怒，须逐日消磨。任意都是人欲。"可见惩忿之难，难在心不定耳。心不定，则怒难消。所以，惩忿在心上方做得彻底。

**雨水第5天。** 宋儒杨庭显在《慈湖先训》中说："正欲说，教住即住得；正欲怒，教住即住得，如此即善。"在实际生活中，有一个10秒钟效应可以帮助消怒：每当怒气生发时，忍住10秒钟，自我暗示"如果10秒钟后还想发便发"，结果大多数情况下，怒气自消。如此久之习以为常，怒心即可治也。

### 第 14 候
**泰卦九二《象传》说："包荒"，"得尚于中行"，以光大也。**

　　**雨水第 6 天。** 泰象居中而行，"用心弘大"，必"以光大也"。明儒孙奇逢在《岁寒集》中则说："处人之道，心厚而气和，不独待君子，即待小人亦然。"平时养得心性宽厚安泰，能"用心弘大"，然后不论遭遇何事何人，皆能平和处之。

　　**雨水第 7 天。**《二程遗书》说："当行不慊（怨恨）于心之时，自然有此气象。然亦未尽，须是见'至大'、'至刚'、'以直'之三德，方始见浩然之气。"特别是与人相处受到伤害时，不动于气，常若无事，方始学到真实处。有怨恨，则自然欠缺浩然之气，内心没有半点自信心。

　　**雨水第 8 天。** 见人不是处便是自己不是处，所以宋儒张九成在《横浦心传》中说："或者云，知其为小人，便当以小人处之。如何？先生曰：既知其为小人，复以小人待之，则我先为小人矣。此何心哉！"因此，关键还在于自己的修为，与他人无关。

　　**雨水第 9 天。** 宋儒杨庭显在《慈湖先训》中说："凡可怒者，以其小人也。然怒或动心，则与小人相去一间耳。"遇到小人中伤，人极易怒，与小人一般见识，绝非君子之道。其实遇小人易怒者，那是不自信的表现，而不自信源于自尊心作祟。

　　**雨水第 10 天。** 人们心中的欠缺，为什么难以抚平？超脱是要有随遇而安的功底的，逃避不是，也不可能是平和充实心境的途径。明儒万廷言在《万思默约语》中说："人于事上应得去，是才未必是学。须应酬语默声色形气之外，于自心有个见处，时时向此凝摄，常若无事，然一切事从此应付，一一合节，始是学。"泰然从容，物来顺应，自然心中平和。如此方是为学应该达到的境界。

## 第15候
### 泰卦九三《象传》说："无往不复"，天地际也。

**雨水第11天。** 孔颖达正义曰："象曰'天地际'者，释'无往不复'。"而"无往不复"，复其所处，所谓"信义诚著"者。宋儒杨时有语录指出："道心之微，非精一，其孰能执之？惟道心之微而验之于喜怒哀乐未发之际，则其义自见，非言论所及也。"除情显性，至信义诚著，是治怒的根本。

**雨水第12天。** 宋儒陆九龄在《复斋文集（补）》中说："治人必先治己，自治莫大于治气。气之不平，其病不一，而忿懥之害为尤大。"怒由气生，治怒先和其气，气和则心和，心和则怒自消解。

**雨水第13天。** 明儒王畿在《龙溪语录》中说："人心只有是非，是非不出好恶两端。忿与欲，只好恶上略过些子，其几甚微。惩忿窒欲，复其是非之本心，是合本体的工夫。"不在是非上纠缠，常念天下无是非，可复其是非之本心，本心复何怒之有，纯是一片天然。

**雨水第14天。** 当然，怒是可以发的，但不可生内气；不是不发怒，是要不怒于心。生怒只是对于物，而不是对于己，则善。宋儒五峰先生胡宏在《胡子知言》中说："性定则心宰，心宰则物随。"倘如自生闷气好几天而不能释怀，则影响寿命，最终害的是自己。所以不是不发怒，圣人之怒，怒于物而不内伤。

**雨水第15天。** 此时，便要有主宰之心。明儒徐阶在《存斋论学语》中说："人须自做得主起，方不为物所夺。今人富便骄，贫便谄者，只为自做主不起。"总之，自心定、有主宰、无将迎，便可惩忿无虞。

## (六)惊蛰窒欲

惊蛰醒觉,当以窒欲为首务,自觉洗涤私欲。在《孟子注疏·尽心》中孟子曰:"养心莫善于寡欲。其为人也寡欲,虽有不存焉者,寡矣。其为人也多欲,虽有存焉者,寡矣。"所以孟子提倡:"无为其所不为,无欲其所不欲,如此而已矣。"宋儒谢良佐有语录指出:"任意喜怒,都是人欲。须察见天理,涵养始得。"养心在寡欲,自然之理!

坎卦上六《象传》说:"上六,失道凶,三岁也。"何以失道而有三年之凶?坎难之极,不可升也。人欲失道如此,人心必难救。《二程遗书》说:"人心莫不有知,惟蔽于人欲,则亡天德也。"宋儒杨庭显在《慈湖先训》中则指出:"一堕人欲,念虑颠倒,举止轻浮。"都是说人欲不可放肆,须当寡欲为要。

### 第16候
### 泰卦六四《象传》说:"翩翩不富",皆失实也。
### "不戒以孚",中心愿也。

**惊蛰第1天**。所谓"翩翩",不固所居,见命而退,并且有从众心态,所以"皆失实也"。在《皇极经世书》中邵雍说:"人必内重,内重则外轻。苟内轻,必外重,好利好名,无所不至。义重则内重,利重则外重。"古人云:君子役物,小人役于物。要能转物而不被物转,关键在于义利之辨当先明白,然后窒欲有则。

**惊蛰第2天**。孟子说"寡欲"可以养心,宋儒程颢接着说:"养心莫善于寡欲。所欲不必沉溺,只有所向,便是欲。"既然要寡欲,必然要有所不为、有所不欲。但凡超出生活所需而有所向往,便是欲望,均应寡之。

**惊蛰第3天**。对于孟子"养心莫善于寡欲"的思想,宋儒周敦颐为张宗范之亭题名"养心"而为之说:"予谓养心不止于寡焉而存尔。盖寡焉以至于无,无则诚立明通。诚立,贤也;明通,圣也。是圣贤非性生,必养心而至之。养心之善,有大焉如此,存乎其人而已。"寡欲以至于无欲,然后诚立明通而心性显现,此便是存心养性之道。

**惊蛰第4天**。所谓人人可以成圣,关键在坚守动静无欲之道。因此,在《周子通书》中周敦颐进一步指出:"'圣可学乎?'曰:'可。'曰:'有要乎?'曰:'有。'请问焉,曰:'一为要。一者,无欲也。无欲则静虚动直。静虚则明,明则通;动直则公,公则溥。明通公溥,庶矣乎!'"这就是圣道中正仁义主静之道。

**惊蛰第5天**。明儒王艮在《与俞纯夫》书信中也说:"只心有所向,便是欲。有所见,便是妄。既无所向,又无所见,便是无极而太极。"因此,窒欲要区分所需(need)与所向(want)之别,如果是出自本能的所需,那是天性;如果是后天染就的所向,所向不能释然便是私欲,自当克尽。

## 第17候
**泰卦六五《象传》说:"以祉元吉",中以行愿也。**

**惊蛰第6天。**王弼注云:"履顺居中,行愿以祉,尽夫阴阳交配之宜,故'元吉'也。"对于寡欲之行愿也如此。宋儒程颐认为能有效窒欲,不但能养心,而且可以复天理。所以在《二程遗书》中程颐认为:"人心私欲,故危殆。道心天理,故精微。灭私欲则天理明矣。"泰卦六五之义强调阴阳交通之泰,此为治中之要。

**惊蛰第7天。**宋儒陆九渊在《陆九渊集》中也对孟子"养心莫善于寡欲"有所发挥,撰有《养心莫善于寡欲》一文指出:"夫所以害吾心者何也?欲也。欲之多,则心之存者必寡;欲之寡,则心之存之必多。故君子不患夫心之不存,而患失欲之不寡,欲去则心自存矣。然则所以得吾心之良者,岂不在于去吾心之害乎?"欲寡则心存,欲无则性养,寡欲窒欲以至于无,则存心养性始有入处。

**惊蛰第8天。**当然,不是说无欲了就可以入圣道,而是说想要入圣道,先要寡欲。明儒王畿在《答聂双江》书中就有高论:"无欲不是效,正是为学真路径,正是致知真工夫,然不是悬空做得。"所以,要切实从日常生活中寡欲入手,不要去高唱什么大道理,徒劳背诵几句所谓的高明妙理!

**惊蛰第9天。**明儒曹端有《语录》说:"人只为有欲,此心便千头万绪,做事便有始无终,小事尚不能成,况可学圣人耶?"可谓说到了有欲产生恶习的根源。因此,寡欲要从小处做起,要把平时引蔽习染的不良习气一一刮除,人心就渐渐合于道心了。

**惊蛰第10天。**生活之所以烦恼不断,其实皆缘自名利私欲。但凡一有利欲,就会产生种种妄想,心性便被障蔽了。明儒薛敬之在《思菴野录》中说:"心本是个虚灵明透底物事,所以都照管得到。一有私欲,便却昏蔽了,连本体亦自昧塞,如何能照管得物?"所以利欲不除就难以成就希圣之道。

## 第18候
## 泰卦上六《象传》说："城复于隍"，其命乱也。

**惊蛰第 11 天。**上下不交，则天道失位，所谓"其命乱也"，人道也就不存了。对于大多数民众而言，往往断无大恶行，但却难消小私欲。须明白，正是这些为之难消的小小私欲，障蔽了自己的本善心性。对此，明儒邹守益在《答周顺之》论学书信中说得最为明白："所患者好名好利之私，一障其精明，则糠秕眯目，天地为之易位矣。"

**惊蛰第 12 天。**面对层出不穷的私欲，需要涵养功夫方能察见天理。如何涵养？宋儒吕祖谦给出的语录，就是一条比较可行的途径："窒欲之道，当宽而不迫。譬治水，若骤遏而急绝之，则横流而不可制。"只有宽而不迫，徐徐除之，心性渐渐显明。如此，便可见广大虚明之气象。

**惊蛰第 13 天。**确然，人们经常舍不得身外之物，难以摆脱名利之心。其实，这样做实际上是非常可怜的，毫无意义。宋儒谢良佐语录说："富贵利达，今人少见出脱得者，所以全看不得，难以好事期待也。非是小事，切须勉之！透得名利关，便是小歇处，然须藉穷理工夫。至此，方可望有入圣域之理。"

**惊蛰第 14 天。**明儒杨应诏在《杨天游集》中说："圣人之所以能全其本体者，不过能无欲耳。吾人不能如圣人之无欲，只当自寡欲入。欲，不独声色货利窠臼而已，凡一种便安忻羡，自私自利心，皆是欲。将此斩断，方为寡欲，则渐可进于无欲。圣人亦岂逃人绝世，始称无欲哉？圣人所欲，在天理上用事，有欲与无欲同。虽其有涉于向慕，有涉于承当，所欲处无一非天理天机之流行矣。"论说得非常全面，民众可遵而行之。

**惊蛰第 15 天。**明儒王时槐在《塘南语录》中指出："性本无欲，惟不悟自性而贪外境，斯为欲矣。善学者深达自性，无欲之体，本无一物，如太虚然。浮云往来，太虚固不受也。所谓明得尽，渣滓便浑化是矣。"浑化私欲之心，可以深达自性。可见心性显现而后任运自在，不过无欲耳。

# 第二环节　震动修省（春）

震卦《彖传》说："震，'亨'。'震来虩虩'，恐致福也。'笑言哑哑'，后有则也。'震惊百里'，惊远而惧迩也。[不丧匕鬯]，出可以守宗庙社稷，以为祭主也。"震卦《象传》说："洊雷，震。君子以恐惧修省。"雷震警醒，可以修身，所以"'震来虩虩'，恐致福也"。修身而后能处变，所以"'笑言哑哑'，后有则也"。以至于成就处惊不乱（不丧匕鬯）之境界，可以"守宗庙社稷，以为祭主也"。可见震动修省之重要。

**震卦**

《周易·说卦》说："雷以动之"，是因"动万物者，莫疾乎雷"。恐惧修省，非动之以雷霆不可。复性修习之法，震雷动其心，可以警觉显性。因此，穷理尽性的第二环节，就是要开展恐惧修省的修养活动。须知敬而后意诚，诚而后心明，心明可以显性。故至诚尽性，非"鼓之以雷霆"不可，所谓穷理悬解之法。具体目标是通过敬事克己之法，来训练培养修习者的"智慧心"。

## 四、卯 大壮消息

大壮《彖传》说:"'大壮',大者壮也。刚以动,故壮。大壮,'利贞',大者正也,正大而天地之情可见矣。"大壮《象传》说:"雷在天上,大壮。君子以非礼弗履。"为人正大则"天地之情可见矣",天地之情即先天之精,喻智慧。智慧非知识,全从正大行履而来。那么如何做到行履正大?自当"非礼弗履"。在《论语注疏·颜渊》中孔子有说:"非礼勿视,非礼勿听,非礼勿言,非礼勿动。"便是宗旨。

大壮

大壮之象应乾卦九四。三阳之后,阳智大壮,阴阳分为四阳体,进退道危之时。乾卦九四爻辞曰:"或跃在渊,无咎。"乾卦九四《象传》说:"'或跃在渊',进无咎也。"乾卦《文言》说:"上下无常,非为邪也。进退无恒,非离群也。君子进德修业,欲及时也,故无咎。"又说:"'或跃在渊',自试也。"再说:"'或跃在渊',乾道乃革。"面临进退"或跃"之时,如何做到"进无咎也"?答案就是"君子进德修业,欲及时也,故无咎"。

大壮消息,对应春分改过与清明克己两个节气的修养环节。进德修业必将兼修"改过与克己"两个环节。宋儒吕祖谦说:"人必曾从克己上做工夫,方知自朝至暮,自顶至踵,无非过失,而改过之为难,所以言'欲寡过而未能'。"改过应对"上下无常"而守诚心,所以有"非为邪也"。克己则解决"进退无恒"而源自圣贤榜样,所以有"非离群也"。两相结合可至大壮气象。

## (七)春分改过

春分时节,冬春之分际,迁善改过,适得其时。在《论语注疏·学而》和《论语注疏·子罕》中,孔子反复强调指出:"主忠信,毋友不如己者,过则勿惮改。"而在《论语注疏·卫灵公》中则进一步强调指出:"过而不改,是谓过矣。"可见孔子对迁善改过是何等重视。因此,交友也必须善于学人之善而改己之过。改过方能迁善,滋养本善之性。

震卦初九《象传》说:"'震来虩虩',恐致福也。'笑言哑哑',后有则也。"王弼注云:"体夫刚德,为卦之先,能以恐惧修其德也。"修德莫过于改过迁善。在《孟子注疏·公孙丑》中指出:"且古之君子,过则改之;今之君子,过则顺之。古之君子,其过也如日月之食,民皆见之,及其更也,民皆仰之;今之君子,岂徒顺之,又从为之辞。"只有及时清除心念障碍,才能够合于内心中和而无妄,如明月去除乌云的遮蔽,重现善性光辉。

### 第 19 候
### 大壮初九《象传》说："壮于趾"，其孚穷也。

春分第 1 天。大壮初九之意，居下而有进。居下者，过也，有进者，有改。用刚居下而有进，改过之象。明儒刘塙在《证记》中说："平平看来，世间何人处不得？何地去不得？只因我自风波，便惹动世间风波，莫错埋怨世间。"人生在世多有是非烦恼，最当反身思过改之，然后能够进于坦荡平和与人处世。

春分第 2 天。那么，如何迁善改过呢？陆九渊在《与傅全美书》中说："古之学者，本非为人，迁善改过，莫不由己。善在所当迁，吾自迁之，非为人而迁也。过在所当改，吾自改之，非为人而改也。故其闻过则喜，知过不讳，改过不惮。"迁善改过只是为自己非为人，所谓"古之学者为己"。

春分第 3 天。明儒尤时熙明确指出："人虽至愚，亦能自觉不是，只不能改，遂日流于汙下。圣愚之机在此，不在赋禀。"能否知过改过，便看出愚圣之间的不同。人非圣贤，焉能无过？有过皆能一一改之，久之便成圣成贤。

春分第 4 天。须知凡人皆有过，也皆能自觉己过，关键在于要勇于改过。明儒何廷仁说："可见圣贤不贵无病，而贵知病，不贵无过，而贵改过。今之学者，乃不虑知病即改，却只虑有病。"思过的目的是改过，知过而不想改、不去改、不能改，又为一过，岂不是枉费了这思过的初衷！所以改过当须勇，有过知耻而后勇于改之，方是真实克己之途径。

春分第 5 天。明儒祝世禄说："见人不是，诸恶之根；见己不是，万善之门。"人们常常揪住他人的过错不放，却不自觉自己的过错，所以就少了那迁善改过的机会。要想自知己过，关键是要提升自己觉知反思能力。人之有过，当时时勤检常察，一旦发现己过则当极力改之，如此便可日趋善矣。

## 第20候
大壮九二《象传》说："九二贞吉"，以中也。

**春分第6天**。改过便居中位，所以贞吉。宋儒杨庭显在《慈湖先训》中说："人有过，尚有改一路。有过得改，犹晦昧之得风，大旱之得霖雨。"所以做人第一要反观自心、戒谨己行。世间遭遇的一切烦恼都是源于自心，心有过则种种魔生。所以君子当求诸己，思过改过，然后心地坦荡平和，是非烦恼一时都消尽而得中正之心。

**春分第7天**。迁善改过关键在于知过要改。明儒王畿《答聂双江》说："吾人一生学问只在改过，须常立于无过之地，不觉有过方是改过真工夫，所谓复者，复于无过者也。"基因欲望之过和模因妄执之过，是人生难以摆脱的两个主要魔障，如能过得此两关，尤其是后者，则此心便可无戕贼之害。

**春分第8天**。宋儒杨庭显说："过则人皆有，未足为患，患在文饰。倘不文饰，非过也。志士之过，布露不隐。"所以人不怕有过，就怕明知有过，却极力狡辩掩饰之，不知悔改。所谓知过不改，诚然又为一过；而文过饰非，则是过上加过，万不可宽恕自己！文过饰非，最是害人匪浅，需要十万倍警觉！

**春分第9天**。君子之过如日月之食，其过人皆见之，其更人皆仰之。明儒尤时熙则说："改过之人，不遮护，欣然受规。才有遮护，便不着底。"但愿修习者能向古之君子学习，不顺从过、不掩饰过、不惧改过，如日月更新，常显光明心性。

**春分第10天**。明儒聂豹在《答许玉林》书信中说："圣人过多，贤人过少，愚人无过。盖过必学而后见也，不学者冥行妄作以为常，不复知过。"确实，学然后知过。因此，知己之过也必先志于学。学知圣贤之言行，然后将其作为镜子对照，方能于自己之过，一一检点出来，再一一改之。如此，定能渐入圣人之道。

## 第21候

## 大壮九三《象传》说："小人用壮"，君子罔也。

**春分第11天。** 王弼注云："故小人用之以为壮,君子用之以为罗已者也。"宋儒杨庭显警醒世人指出："人关防人心、贤者关防自心、天下之心一也,戒谨则善,放则恶。学者或未见道,且从实改过。"于此可知,思过改过,就治心修行而言,意义重大,千万不可掉以轻心!

**春分第12天。** 有勇改过不能停留在口头上,而是要切实用力去改,方能有促进心性不断良善的效果。明儒王畿指出："此件事不是说了便休,须时时有用力处,时时有过可改,消除习气,抵于光明,方是缉熙之学。"这里"缉熙"喻指"光明"。所以,只有不断改过,消除习气,其本善之心自明,如晴日光辉常照一般。

**春分第13天。** 明儒祝世禄便指出："人知纵欲之过,不知执理之过,执理是是非种子,是非是利害种子。理本虚圆,执之太坚,翻成理障。不纵欲,亦不执理,恢恢乎虚己以游世,世孰能戕之?"纵欲之过是未能摆脱基因控制的结果,而执理之过便是未能摆脱模因操纵的结果。唯有于此两者皆能超脱,方能获得自在逍遥!

**春分第14天。** 如何破除模因妄执之过?当从根本上入手。明儒刘文敏《论学要语》说："迁善改过之功,无时可已。若谓'吾性一见,病症自去,如太阳一出,魍魉自消。'此则玩光景,逐影响,欲速助长之为害也,须力究而精辨之始可。"摆脱基因欲望控制,靠觉知意识能力,只要时时省察,勤勉改过,此事不难;但要摆脱模因妄执操纵,则是需要秘密认知能力,无着力处,如何处置?唯有藏诸用,方能了达。

**春分第15天。** 思过改过,乃为终生入圣门途径,不可一时懈怠。对此,明儒聂豹在《困辨录》中指出："才觉无过,便是包藏祸心。故时时见过,时时改过,便是江、汉以濯,秋阳以暴。夫子只要改过,乡愿只要无过。"改过当雷厉风行,雷厉以敬天,风行以爱人;敬天爱人,复见天地之心,此即为本体。

## (八)清明克己

清明克己,克己则心地清明。克己是仁者修习之本,所以在《论语注疏·颜渊》中当颜渊问仁时,孔子曰:"克己复礼为仁。一日克己复礼,天下归仁焉。为仁由己,而由人乎哉?"而当颜渊进一步"请问其目"时,孔子则曰:"非礼勿视,非礼勿听,非礼勿言,非礼勿动。"然后颜渊便曰:"回虽不敏,请事斯语矣。"可见"克己"约之以礼,然后可以恢复其仁性,确实是圣道心法思想的核心。

震卦六二《象传》说:"'震来厉',乘刚也。"克己当刚勇。在《论语注疏·雍也》中孔子说:"仁者先难而后获,可谓仁矣。"宋儒程颢说:"'先难',克己也。"所谓克己,克己不正之心;所谓后获,获己本善之性。但能克尽己私,然后可获仁性显现境界。

## 第22候

### 大壮九四《象传》说:"藩决不羸",尚往也。

**清明第1天**。王弼注云:"下刚而进,将有忧虞。而以阳处阴,行不违谦,不失其壮。"所以《象传》说:"尚往也。"在《二程集》中程颢有"酌贪泉诗"说:"中心如自固,外物岂能迁?""中心固"之阳,以处"外物迁"之阴,自然贞吉。然后自谦而克己,则可以"不失其壮"。

**清明第2天**。宋儒张栻在《南轩答问》中指出:"凡非天理,皆己私也。己私克则天理存,仁其在是矣。然克己有道,要当审察其私,事事克之。"能存得天理,是有大智慧。有大智慧,方能以不变心性应万变世事,如此才可以运化掌握不断变化的世界。所以想要获得穷理尽性效果,必当先克己。

**清明第3天**。人只有克尽不正之心,方能复己天性(仁善之性),然后所行无不体现天理!《二程遗书》说:"人之于患难,只有一个处置,尽人谋之后,却须泰然处之。有人遇一事,则心心念念不肯舍,毕竟何益?若不会处置了放下,便是无义无命也。"所谓处置,就是克己,然后面对患难挫折,可以泰然处之。

**清明第4天**。其实人心不安,是因为有私欲所蔽,唯有克己私欲,方能安心。明儒薛瑄指出:"人心皆有所安,有所不安,安者义理也,不安者人欲也。然私意胜,不能自克,则以不安者为安矣。"以不安者为安,则妄也,岂能长久?所以学者当以克己为本,返本回源,方是安心之处。

**清明第5天**。明儒罗洪先在《答曾于野》书信中指出:"处处从小利害克治,便是克己实事,便是处生死成败之根,亦不论有事无事。此处放过,更无是处。"克己不是一句空话,人心要从平日小处克治。今日克得一起,明日又克得一起,日积月累,便是获己天性的切实途径。所以克己不难,难的是贵在坚持。

## 第23候
## 大壮六五《象传》说:"丧羊于易",位不当也。

**清明第6天**。大壮六五,以阴处阳,所以"位不当也",此时最当克其不正之心。需要知道,克己不是隐忍不发,而是主动清理不正之心。各种恶念涂炭扭曲心性,祸莫大焉;克己恶念心存善念,然后可以恢复本善之性。明儒吕柟语录曰:"人能反己,则四通八达皆坦途也。若常以责人为心,则举足皆荆棘也。"克己方能舍阴爻而适阳位。

**清明第7天**。明初吴与弼说:"一事少含容,盖一事差,则当痛加克己复礼之功,务使此心湛然虚明,则应事可以无失。静时涵养,动时省察,不可须臾忽也。苟本心为事物所挠,无澄清之功,则心愈乱,气愈浊,梏之反覆,失愈远矣。"说得好,可以作为日常修心养性的准则。生活中人们难免会有诸多不正之心,如何消解?自当时时省察涵养,针对性加以克治。久之,自然心正!

**清明第8天**。克己之要,在于舍己好胜心。我经常讲,要想内心自在,先要学会藏诸用,去除一切机用之心,特别是好胜心。宋儒杨时指出:"人各有胜心。胜心去尽,而惟天理之循,则机巧变诈不作。若怀其胜心,施之于事,必于一己之是非为正,其间不能无窒碍处,又固执之以不移,此机巧变诈之所由生也。"

**清明第9天**。宋儒邵雍在《皇极经世书》中说:"人之精神,贵藏而用之。苟炫于外,则鲜有不败者。如利刃,物来则利之,若持刃之利而求割乎物,则刃与物俱伤矣。"所以好胜心不去,诸机用之心不能藏,智慧便无以彰显。

**清明第10天**。明儒刘邦采在《易蕴》中说:"能心忘则心谦,胜心忘则心平,侈心忘则心淡,躁心忘则心泰,嫉心忘则心和。谦以受益,平以称施,淡以发智,泰以明威,和以通知,成性存存,九德咸事。"刘邦采说的比较齐全了,克己就是要克己之能心、胜心、侈心、躁心、嫉心,然后能成存养之事。

## 第24候
## 大壮上六《象传》说："不能退，不能遂"，不详(祥)也。"艰则吉"，咎不长也。

**清明第11天**。大壮上六之义，对应到克己上，就是"不能克己，不能遂通"，所以"不祥"。为何不能克己，因为有"夸己之心"。宋儒谢良佐说："欲以意气加人，亦是夸心。有人做作，说话张筋弩脉，皆为有己。立己于胸，几时到得与天为一处？须是克己。才觉时便克将去，从偏胜处克。克者，胜之之谓也。"自夸心便是人心偏胜处，当克去。

**清明第12天**。明儒刘文敏说："透利害生死关，方是学之得力处。若风吹草动，便生疑惑，学在何处用？"不进则退，自然之理；如此警醒，当须努力。舒服的"舒"字，是"舍"+"予"，这里的"予"指"自己"的"己"，是第一人称，所以要想舒服生活，不过舍己而已。但人能破除我执，摆脱小我的执着，便可到达自在之境，从而体验幸福生活。

**清明第13天**。明儒徐阶在《存斋论学语》中说："人未饮酒时，事事清楚；到醉后，事事昏忘；及酒醒后，照旧清楚。乃知昏忘是酒，清楚是心之本然。人苟不以利欲迷其本心，则于事断无昏忘之患。克己二字，此醒酒方也。"生活中事事昏忘、种种习染，正需要克己来唤醒、清理！

**清明第14天**。明儒耿定向在《天台论学语》中说："吾人真真切切为己，虽仆厮隶胥，皆有可取处，皆有长益我处。若放下自己，只求别人，贤人君子，皆不免指摘。"人之痛苦之一就是期待别人的理解（懂自己），而幸福的前提正好相反，是要去理解别人（懂他人）。放弃小我执着，方能成就大我爱心。

**清明第15天**。在《二程遗书》中程颢说："以物待物，不以己待物，则无我也。"又说："至于无我，则圣人也。"圣人无己，而无己不过就是没有私己之意的以物待物。说到底，讲的都是物来顺应而不被物所迁转的境界，方是克己的终极目标。

## 五、辰　夬卦消息

夬卦《彖传》说:"夬,决也,刚决柔也。健而说,决而和。'扬于王庭',柔乘五刚也。'孚号有厉',其危乃光也。'告自邑,不利即戎',所尚乃穷也。'利有攸往',刚长乃终也。"夬卦《象传》说:"泽上于天,夬。君子以施禄及下,居德则忌。"内健外悦,王者气象,所以虽有"其危"依然"乃光"。阳智健说,自然要"施禄及下";不可孤芳自守,所以"居德则忌"。

**夬卦**

夬象应乾卦九五。乾卦九五爻辞说:"飞龙在天,利见大人。"乾卦九五《象传》说:"'飞龙在天',大人造也。"乾卦《文言》说:"同声相应,同气相求;水流湿,火就燥;云从龙,风从虎。圣人作,而万物睹,本乎天者亲上,本乎地者亲下,则各从其类也。"又说:"'飞龙在天',上治也。"再说:"'飞龙在天',乃位乎天德。"飞龙者,龙德智慧自在,所以形容"大人造""位天德"。至此,阳智练就,唯欠施禄以下。

夬卦消息,对应谷雨读书与立夏讲学两个节气的修养环节。读书的目的是要获得龙德智慧,讲学的目的自然是"施禄及下"。讲学于志同道合之间,为了"同声相应,同气相求"。明儒张岳有《杂言》说:"讲学之功,读书为要,而所读之书,又必先经后史,熟读精思,扫去世俗无用之文,不使一字入于胸中,然后意味深远,义理浃洽,而所得益固矣。"所以若要达到最高境界,便要做到博学多闻,触类旁通,所谓"圣人作,而万物睹,本乎天者亲上,本乎地者亲下,则各从其类也"。

## (九)谷雨读书

谷雨滋润,读书明理。当然,读书明理之要在默识心通。在《论语注疏·述而》中孔子说:"默而识之,学而不厌,诲人不倦,何有于我哉!"明儒程颐说:"大凡学问,闻之知之皆不为得。得者,须默识心通。学者欲有所得,须是笃,诚意烛理。上知,则颖悟自别。其次,须以义理涵养而得之。"

震卦六三《象传》说:"'震苏苏',位不当也。"恐惧不安(苏苏),位不当之时,唯有读书深造以道而自得,可以避免灾祸,所居心安。在《孟子注疏·离娄》中孟子说:"君子深造之以道,欲其自得之也。自得之,则居之安;居之安,则资之深;资之深,则取之左右逢其原:故君子欲其自得之也。"可见读书为穷理安心之门。

## 第 25 候

### 夬卦初九《象传》说：不胜而往，咎也。

**谷雨第 1 天。**孔颖达正义说："谬于用壮，必无胜理。孰知不胜，果决而往，所以致于咎过。"此时此刻，需要停下步伐，读书维持此心，以明己之未达。宋儒张载说："读书少，则无由考校得义精。盖书以维持此心，一时放下，则一时德性有懈。读书则此心常在，不读书则终看义理不见。"读书之要，全在于此。

**谷雨第 2 天。**读书可以致知，致知了然于心，可以穷理。宋儒朱熹语录说："学固不在乎读书，然不读书则义理无由明。"我们之所以认为读书重要，也就是指书中所阐述的义理的重要。想要领悟这超然言外的意义，就须要有人生的体验，只有在细读人生大书之中，体会深刻，才能"意会"那些"言传"的不尽之意。

**谷雨第 3 天。**宋儒张九成在《横浦心传》中记录："或问：'看古人书，有入意处，便觉与古人无异。先生以为果无异否？'曰：'凡古人书中用得处，便是自家行处，何问古今。只为今人作用多不是胸中流出，与纸上遂不同。'"读书要入心，内化于自己的见识，然后一一从自家胸中流出。

**谷雨第 4 天。**但切记要为己读书，只要调摄此心，切不可为他人而读，徒有讲说而不切己身。王阳明在《王阳明全集》"传习录拾遗(30)"中说："学者读书，只要归在自己身心上。若泥文著句，拘拘解释，定要求个执定道理，恐多不通。盖古人之言，惟示人以所向往而已。若于所示之向往，尚有未明，只归在良知上体会方得。"读书要切己心性修善之上，不可被文字所拘所惑。

**谷雨第 5 天。**遗憾的是，学者多数读书仅仅只是积累所谓知识，常常移心不定，不是为修己读书。在《朱子语类》中朱熹说："心不定，故见理不得。今且要读书，须先定其心，使之如止水，如明镜。暗镜如何照物！"见理精深与见识博大的关系是相辅相成。见识博大才能见理精深，见理精深又是见识博大的基础。

## 第26候
## 夬卦九二《象传》说："有戎勿恤"，得中道也。

**谷雨第6天。**夬卦九二之象，所谓"能审己度而不疑者"，所以说"得中道也"。宋儒杨时说："以身体之，以心验之，从容默会于幽闲静一之中，而超然自得于书言象意之表，此读书之法也。"读书不在表面文字之上，而是要默会其义用以灌溉自己的德性之体，培育自己的德性之用，以适中道。

**谷雨第7天。**微信流布许多生活箴言式的读书摘录，支离破碎，其实是不明为学之宗旨。宋儒张浚在《鹤山集》中指出："留意圣贤之学，爱养精神，使清明在心，自然读书有见处，以之正身正家，而事业从此兴矣。"正可警示我辈学人，能读书要能读圣贤之书，圣贤之书万世做人之准则。

**谷雨第8天。**朱熹在《朱子语类》中也说："读书以观圣贤之意，因圣贤之意，以观自然之理。"又说："读书，须是看着他那缝隙处，方寻得道理透彻。若不见得缝隙，无由入得。看见缝隙时，脉络自开。"所谓字里行间、言下之意更为紧要。

**谷雨第9天。**读书不可有执于私意，否则终难入道。如何是执于私意，在《陆九渊集》中陆九渊说："人心有消杀不得处，便是私意，便去引文牵义，牵枝引蔓，牵今引古，为证为靠。"有私意，就是自信不及，难以自立！

**谷雨第10天。**更不能心有所累，故切勿有强记求速、夸多斗靡之心。明儒王阳明说："且如读书时，知得强记之心不是，即克去之；有欲速之心不是，即克去之；有夸多斗靡之心不是，即克去之。如此，亦只是终日与圣贤印对，是个纯乎天理之心，任它读书，亦只是调摄此心而已，何累之有？"读书也是克己修心养性途径。

## 第27候
夬卦九三《象传》说:"君子夬夬",终无咎也。

**谷雨第11天。** 所谓"夬夬",夬之不疑,所以说"终无咎也"。对于读书明理而言,如何做到"夬之不疑"?在《陆九渊集》中陆九渊指出:"读书之法,须是平平淡淡去看,仔细玩味,不可草草。所谓优而柔之,厌而饫之,自然有涣然冰释,怡然理顺底道理。"善读书的人是善于把握书中的言外之意,明其理而不为其文字所惑,自然无咎。

**谷雨第12天。** 宋儒辅广在《宗辅录》中指出:"学者须是将圣人言语熟读深思,昼夜玩味,则可以开发吾之知识,日就高明,涵养吾之德性,日就广大,乃见得圣贤言近指远意思,饱饫厌足;若只作言语解着,则意便死于言下,局促塞浅。"需要记住,语言乔装了思想,而思想只有落到实处才是有意义的。初学者,往往着迷于华丽之辞藻;继之者,欣喜于一得之见解;只有知止者,能实证于具体之行为。

**谷雨第13天。** 明儒洪垣在《答甘泉》书信中说:"听言观书有得,恐还是躯壳意气上相契,不是神接。神接则实得根生而德离矣。夫精粗一理,显微无二,故善学者从粗浅入细微,不善学者从细渐成议论;实用功者,从日用察鸢鱼,不实用功者,从鸢鱼成虚见,此中正之道所以难也。"因此,读书亦非易事也,可不慎乎!

**谷雨第14天。** 宋儒张栻在《南轩答问》中说:"所谓'观书,当虚心平气,以徐观义理之所在,如其可取,虽庸人之言,有所不废,如其可疑,虽或传以圣贤之言,亦须更加审择',斯言诚是,然虚心平气,岂独观书当然,某既已承命,因敢复以为献也。"虚心平气,不带个人先见,然后自然有得。

**谷雨第15天。** 最后,读书要破却一切时文之说,关键在于去除一切得失之心。陆九渊在《陆九渊集》"与侄孙浚书"中说:"得失之心未去,则不得;得失之心去,则得之。时文之说未破,则不得;时文之说破,则得之。不惟可使汝日进于学而无魔祟,因是亦可解流俗之深惑也。"有破才能有立,破时文之说,立自信之心。

## (一〇)立夏讲学

立夏讲学,树荫畅叙。宋儒朱熹复刘清之书指出:"若夫涵养之功,则非他人所得与,在贤者加之意而已。若致知之事,则正须友朋讲学之助,庶有发明。"朋友讲学在圣道修养过程也是一个重要途径,可以交流心得,激发学圣之志。讲学还可以以友辅仁,达到朋友之间相互促进的目的。对此,明儒耿定向形象地说明:"独夫夜行空谷中,未免惴惴心动,五尺童子随其后,则帖然。盾一星于寒灰则灭,群火在盆中,可以竟夜。观此,则以友辅仁可识矣。"朋友讲习可以起到相互鞭策的作用。

震卦九四《象传》说:"'震遂泥',未光也。"孔颖达正义说:"当恐惧之时,'宜勇其身,以安于众'。若其自怀震惧,则遂滞溺而困难矣。"所以要避免道德未能光大,则需要通过朋友讲学,以正身安己。明儒周冲也指出:"日用功夫,只是立志。然须朋友讲习,则此意才精健阔大,才有生意。"立志自然为了光大道德,而讲学可以使立志更有"精健阔大"之"生意",以助正身安己之事业。

## 第28候

夬卦九四《象传》说:"其行次且",位不当也。
"闻言不信",聪不明也。

立夏第1天。王弼注云:"刚亢不能纳言,自任所处,闻言不信以斯而行,凶可知矣。"与人讲学交往,当虚心平气,谦逊容人。明儒曹端说:"受道者以虚心为本,有所挟,则私意先横于中,而不能入矣。"我个人认同与人讲学的最高境界就是"澹如秋水贫中味,和似春风静后功。"

立夏第2天。当然,讲学的更大收获就是博闻多见。一个人的精力总是有限的,如果经常与志同道合的朋友切磋讨论,则进步就更快。当然博闻多见之时,要善于用心吸收,然后可以使人"畜其德"。明儒刘邦采在《易蕴》中指出:"多闻不畜闻,无闻也;多见不宿见,无见也。独闻者塞,独见者执,小成而已矣。君子多识前言往行,以畜其德,大畜也。"

立夏第3天。另外,在朋友切磋之间,要善于主动发问请益。三人行必有吾师,所谓良师益友,听师一席话胜读三年书。我在民众讲学中发现一个现象:听众往往听后没有提问互动,诚为可惜!明儒尤时熙明确指出:"只此发问,便是入门。"可见发问请益也是学习进步的重要门径。

立夏第4天。对于讲学者,讲学要有真正效益,自己先要默识道理深刻,否则误人误己不浅。明儒徐阶指出:"默识是主本,讲学是工夫。今人亲师观书册等,是讲学事。然非于心上切实理会,而泛然从事口耳,必不能有得,得亦不能不忘。"默识乃默识天理本心,默识真切,便是穷理尽性之时!讲学不过是工夫途径;讲学应该本着有助于默识本心而开展有益的交流,而非徒为讲学而讲学。

立夏第5天。如果自己不能默识天理而贸然讲学,则不过就是一场空洞的废话。明儒薛瑄指出:"将圣贤言语作一场话说,学之者通患。"因此又说:"才舒放,即当收敛,才言语,便思简默。"其中的道理,人可弘道非道弘人,不可因言废人,也不可因人废言。

## 第29候
## 夬卦九五《象传》说:"中行无咎",中未光也。

立夏第6天。王弼注云:"处中而行,足以免咎而已,未足光也。"讲学处中而行,如何能够"足光"? 宋儒朱熹说:"讲学不可以不精也。毫厘之差,则其弊有不可胜言者。故夫专于考索,则有遗本溺心之患;而骛于高远,则有躐等冯虚之忧;二者皆其弊也。"考究与高远,皆要恪守中道,无过无不及,方能使讲学"足光"。

立夏第7天。王阳明在《王阳明全集》"答方叔贤"书中指出:"古人之学,切实为己,不徒事于讲说。书札往来,终不若面语之能尽,且易使人溺情于文辞,崇浮气而长胜心。求其说之无病,而不知其心病之已多矣。此近世之通患,贤知者不免焉,不可以不察也。"讲学者要时刻反省自己,不可有责人之胜心。

立夏第8天。与人讲学千万不可声色引动,竞争长短,自以为是,目空一切。明儒刘塙在《证记》说:"与人露声色,即声色矣。声色可以化导人乎?临事动意气,即意气矣。意气可处分天下事乎?"讲学者当时刻谨记:是非以不辩为解脱。总是要争个是非,不是出于学说肤浅,就是出于炫耀,缺乏自信心!争论仅仅是为了释疑,从而建立信心,如果人们已经信心不二了,争论自然是多余的。

立夏第9天。陆九渊在《陆九渊集》中说:"学者先须不可陷溺其心,又不当以学问夸人。夸人者,必为人所攻。只当如常人,见人不足,必推恻隐之心,委屈劝谕之,不可则止。若说道我底学问如此,根底不足,必为人所攻。兼且所谓学问者,自承当不住。"到处炫耀自己学问,是虚荣心作祟。与人讲学不可卖弄学问。

立夏第10天。讲学之中也要避免论人长短,妄自议论他人是非。明儒杨爵就说:"好议论人长短,亦学者之大病也。若真有为己之心,便惟日不足,戒慎乎其所不睹,恐惧乎其所不闻,时时刻刻防检不暇,岂暇论人?"凡事不可苛责于人,自省为上。

## 第30候

### 夬卦上六《象传》说："无号"之"凶"，终不可长也。

**立夏第 11 天**。孔颖达正义说："君子道长，小人必凶。非号咷所免，故禁其号咷。"讲学遭遇小人嘲笑、责难，自当平心和气处之，不必与之一般见识去计较什么"是非"。明儒薛瑄说："处人之难处者，正不必厉声色，与之辩是非，较短长。"所谓见怪不怪，其怪自消，小人之凶，不予理睬，其凶"终不可长也"。

**立夏第 12 天**。在明儒吕维祺的《答问》中其弟维祜问："讲学为人所非笑，何以处之？"吕维祺回答道："讲学不为世俗非笑，是为乡愿，讲学不到使非笑我者终心服我，是为乡人，讲学必别立崖岸，欲自异于世俗，是为隐怪，讲学不大昌其道于天下后世，以承先启后自任，以为法可传自励，是为半途之废。"关键自己要有主，对所讲中正之道要有自信之心。

**立夏第 13 天**。没有自信，往往缘于世人讲学有知识障见。明儒聂豹在《辨诚》中便指出："今世之学，其上焉者则有三障：一曰道理障，一曰格式障，一曰知识障。讲求义理，模仿古人行事之迹，多闻见博学，动有所引证。是障虽有三，然道理格式又俱从知识入，均之为知识障也。"此皆"多为闻见所累"，只因自家无主，不自信。

**立夏第 14 天**。什么叫自信？在《二程遗书》中程颐指出："信有二般：有信人者，有自信者。……。学者须要自信，既自信，怎生夺亦不得。"关于信心有四种状态：第一是迷茫，不知该相信什么；第二是盲信，不知其所以然地相信；第三是确信，冲破怀疑来自深思熟虑的真知；最后才是自信，对确信真知的主宰。

**立夏第 15 天**。明儒尤时熙指出："道理只是一个，诸子论学，谓之未精则可，谓别有一种道理则不可。圣人之学，较之诸子，只是精一，亦非别有一道也。"对根本圣道宗旨的确信真知，然后可以讲论格物之理。讲学者千万不可入于异端邪说。讲学还要从确信的真知出发，不可故弄玄虚，讲一些连自己也没有体悟彻底的所谓道理。

## 六、巳　乾卦消息

乾卦《彖传》说："大哉乾元！万物资始，乃统天。云行雨施，品物流形。大明终始，六位时成，时乘六龙以御天。乾道变化，各正性命，保合大和，乃利贞。首出庶物，万国咸宁。"乾卦《象传》说："天行健，君子以自强不息。"乾象天道也，知天道者知天道变化之神几者，此即成大智慧者。乾道智慧可以"各正性命，保合大和"，其功用至伟！所以要成就如此君子之德，当须"自强不息"！

乾卦

乾象智慧大成，应防过犹不及。乾卦上九爻辞说："亢龙有悔。"乾卦上九《象传》说："'亢龙有悔'，盈不可久也。"乾卦上九《文言》说："贵而无位，高而无民，贤人在下而无辅，是以动而有悔也。"又说："'亢龙有悔'，穷之灾也。"再说："'亢龙有悔'，与时偕极。"所以有悔，为求坤承。智之为用，当以仁体为本，所谓"用九"，天德不可为"首"也。智慧唯以仁爱为体，方可全体大用。

乾卦消息，对应小满格物与芒种穷理两个节气的修养环节。如何成就乾道大智慧，唯致知穷理之途径。宋儒程颢语录说："致知在格物，格，至也。穷理而至于物，则物理尽。"格物格尽豁然有觉之处，便是天理；穷天理穷到默识无悟之所，即为智慧。

## （一一）小满格物

收获小满，格物致知时节。除了力行、改过和克己，圣道治心还特别重视格物致知的途径。《礼记正义·大学》说："物格而后知至，知至而后意诚，意诚而后心正，心正而后身修。"何谓格物？宋儒程颐说："致知在格物，物来则知起。物各付物，不役其知，则意诚。不动意，诚自定，则心正。始学之事也。"可见格物致知也是十分重要的治心途径。

震卦六五《象传》说："'震往来厉'，危行也。其事在中，大无丧也。"王弼注云："夫处震之时，而得尊位，斯乃有事之机也。"就致知穷理而言，何谓"有事之机"？就是要切身去格物，而非止于空谈。明儒冯从吾在《疑思录》中指出："格物即是讲学，不可谈玄说空。"明儒王畿《论学书》也说："致知在格物，言致知全在格物上，犹云舍格物更无致知工夫也。"都是强调这样的原则。

## 第 31 候
### 乾卦初九《象传》说:"潜龙勿用",阳在下也。

**小满第 1 天**。乾卦初九象征乾道隐而未显。乾道即为天道,天道未显正要格物以致知。宋儒程颢语录指出:"格,犹穷也;物,犹理也。犹曰穷其理而已矣。穷其理,然后足以致知,不穷则不能致也。物格者,适道之始与!欲思格物,则固已近道矣。"格物致知有始,穷理尽性可期。

**小满第 2 天**。既然致知是知天道,就要首先除去歧途之障蔽,不可溺于文辞,更不可惑于异教。《二程集》说:"今之学者有三弊:溺于文章,牵于诂训,惑于异端。苟无是三者,则将安归?必趋于圣人之道矣。"诚然,初学之士皆有蒙蔽,蔽解惑去,方能洞然。致知当安详沉静,自然能解蔽欲。须知,蔽于物欲易解,蔽于意见难解,惟靠智慧解之。致知之功,非闻见记诵之学,乃学其大者,所谓藏诸用以得大智慧者也!

**小满第 3 天**。明儒尤时熙在《西川拟学小记》中指出:"众人之蔽在利欲,贤者之蔽在意见,意见是利欲之细尘。"自私用智,自以为是,最是格物致知障碍。所以格物致知有得的前提,先要扫清障蔽,特别是各种模因的困扰。

**小满第 4 天**。还有一点,格物致知贵在谦逊,自以为是根器深厚者,并不可取。朱熹在《朱子语类》中说:"今之学者,本是困知,勉行底资质,却要学他生知、安行底工夫。便是生知、安行底资质,亦用下困知,勉行工夫,况是困知,勉行底资质!"虚然后可以受物,谦然后可以致知,一定之理。

**小满第 5 天**。朱熹在《朱子语类》中又说:"顿悟之说,非学者所宜尽心也,圣人所不道。"切记,不是不能顿悟,是顿悟在穷理尽心之后。若没有学问积累,如何能一时顿悟!了解科学原理,格物然后致知,要下格物之功,到得深厚地步,自然能够致知顿悟之境。此便是彻头彻尾的话,当须用心体会!

#### 第 32 候
#### 乾卦九二《象传》说："见龙在田"，德施普也。

  **小满第 6 天**。乾卦九二，乾道彰显，格物致知有得之象。那么如何可以达成致知万物之理呢？宋儒程颐认为："今人欲致知，须要格物。物不必谓事物然后谓之物也，自一身之中，至万物之理，但理会得多，相次自然豁然有觉处。"所谓从量变到质变，通过长期积累而一朝觉悟。

  **小满第 7 天**。学者积累学问，首先要有质疑精神，具有反思能力。如何生疑？宋儒杨时与季常言说："学者当有所疑，乃能进德。然亦须着力深，方有疑。今之士讳书为学，盖自以为无可疑者，故其学莫能相当。"疑贵在深究，究之深，到得那豁然之时，则方有得。

  **小满第 8 天**。致知的关键是觉知之思。宋儒程颐认为："不深思则不能造于道。不深思而得者，其得易失。然学者有无思无虑而得者，何也？以无思无虑而得者，乃所以深思而得之也。以无思无虑为不思，而自以为得者，未之有也。"可见觉知深思的重要。

  **小满第 9 天**。明儒王时槐指出："学贵能疑，但点点滴滴只在心体上用力，则其疑亦只在一处疑。一处疑者，疑之极，必自豁然矣。若只泛然测度道理，则其疑未免离根。离根之疑，愈疑而愈增多歧之惑矣。"质疑、反思、批判，是提升觉知能力的重要途径，也是破除迷信的法宝，心性修养者当努力培养这种元理性思维能力！

  **小满第 10 天**。致知当知"知止"。"知止"乃"认知能力"可达之边界。要明道，非先知止不可，然后通过定静安虑之法得之。陆九渊在《陆九渊集》中说："学未知止，则其知必不能至；知之未至，圣贤地位，未易轻言也。"说得透彻！不知止，则必为模因所牵，不能透彻道理而出窠臼。

## 第33候
## 乾卦九三《象传》说："终日乾乾"，反复道也。

**小满第 11 天。**对乾卦九三的"终日乾乾"，乾卦《文言》强调："君子进德修业。"格物致知需要不懈努力，非一蹴而就之事，所以说"反复道也"。宋儒真德秀在《西山答问》中指出："言格物致知，必穷得尽，知得至，则如梦之觉，若穷理未尽，见善未明，则如梦之未觉，故曰梦觉关。"若非反复其道，自然不可能穷尽其理。

**小满第 12 天。**明儒罗钦顺在《困知记》中说："格物之格，是通彻无间之意。盖工夫至到则通彻无间，物即我，我即物，浑然一致。"说得好，浑然一致，方能超然，不然便被那枝末细节牵绊，难达全体大现之处，更无全体大用之时。

**小满第 13 天。**知止，不是要望而却步，而是要全体显露，然后达到大机大用之作为。现今学者之所以难以通达知至之境，就是不能涣然冰释。宋儒李侗说："学者之病，在于未有洒然冰解冻释处。纵有力持守，不过苟免显然悔尤而已。若此者，恐未足道也。"所以，致知就要达成知止之知、知止之灵，方是真知。

**小满第 14 天。**明儒洪垣在《答谢特峰》书信中指出："善学者，事从心生，故天下之事从心转。不善学者，心从事动，故吾人之心从事换。只在内外宾主之间，非天然之勇不能也。"其实，此心无知而无不知，无为而无所为。心外无知，根本至灵之知，不可心外所求，唯焕然自觉而得。

**小满第 15 天。**致知之后，自然是要去行，做到知行合一。《二程集》说："学贵乎成，即成矣，将以行之也。学而不能成其业，用而不能行其学，则非学矣。"学便是知与行，知落实到行中是真知，行中有真知所主是真行。知行两者相互依存，原是一件事，不可分为两件事。

## (一二)芒种穷理

芒种有得,穷理明道。在《礼记正义·哀公问》中当鲁哀公问:"敢问君子何贵乎天道也?"孔子便对曰:"贵其不已。如日月东西相从而不已也,是天道也;不闭其久,是天道也;无为而物成,是天道也;已成而明,是天道也。"格物致知到穷理,是明道之事。芒种开启穷理功夫,便是要在心中种下明道锋芒的种子。宋明性理学家一向遵循"穷理、尽性以至于命"的易道理念。所谓穷理,穷尽天道之理,反身而体之,所以便能尽性。

震卦上六《象传》说:"'震索索'中未得也。虽凶无咎,畏邻戒也。"王弼注云:"居震之极,求中未得,故惧而'索索',视而"矍矍",无所安亲也。"因此,要想求中得安,需要穷理知天。宋儒谢良佐语录指出:"学者且须是穷理。物物皆有理。穷理则能知人之所为,知天之所为,则与天为一。与天为一,无往而非理也。穷理则是寻个是处,有我不能穷理。人谁识真我?何者为我?理便是我。穷理之至,自然不勉而中,不思而得,从容中道。"如此便能得以"求中"而"安亲"。

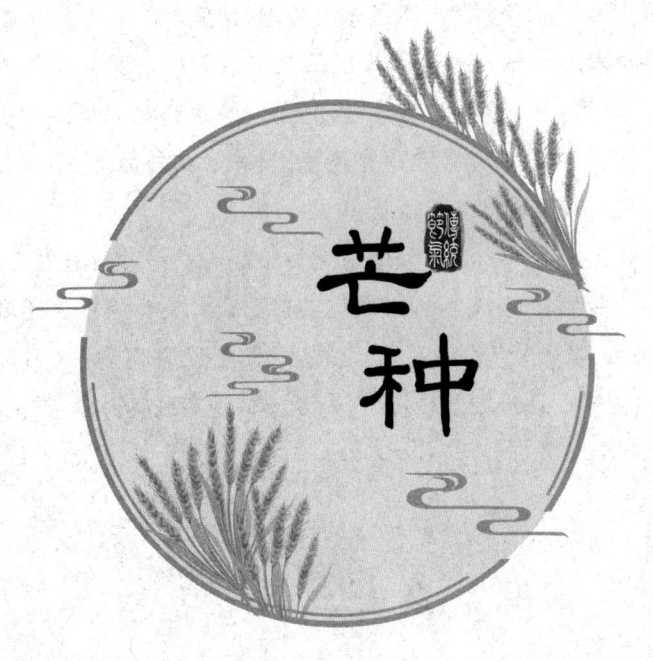

## 第34候
### 乾卦九四《象传》说："或跃在渊"，进无咎也。

**芒种第1天。** 致知求真知，便是穷理明道。明儒胡居仁就说："读书论事，皆推究到底，即是穷理，非是悬空寻得一个理来看。"所以在读书致知的基础上，要唤起此心，须通过穷理以明道。乾卦《文言》说："君子进德修业，欲及时也，故无咎。"

**芒种第2天。** 陆九渊在《象山语录》中说："此理在宇宙间，何尝有所碍？是你自沉埋，自蒙蔽，阴阳地在个陷阱中，更不知所谓高远底。要决裂破陷阱，窥测破个罗网。""人要有大志。常人汩没于声色富贵间，良心善性都蒙蔽了。今人如何便解有志，须先有智识始得。"穷理明道是智慧边事。

**芒种第3天。** 宋儒程颐引申说："格，犹穷也；物，犹理也。犹曰穷其理而已矣。穷其理，然后足以致知，不穷则不能致也。物格者，适道之始与！欲思格物，则固已近道矣。是何也？以收其心而不放也。"心性修习致知的目的是要穷理，方能有至灵之道心。

**芒种第4天。** 许多学者之所以难以穷理，就是死在文字言语里走出不来。因为一有奇特言语，便是分别之心，便不能穷尽天理。那么如何才能穷理入道？在《朱子语类》中朱熹说："入道之门，是将自家身已入那道理中去。渐渐相亲，久之与己为一。而今人道理在这里，自家身在外面，全不曾相干涉。"穷理推究到底是不被言语文字所障蔽。

**芒种第5天。** 陆九渊认为穷理明道最关键的就是解蔽去惑。在《陆九渊集》"与侄孙浚书"中，他就说："人心至灵，惟受蔽者失其灵耳。"还说："理只在眼前，只是被人自蔽了。"就是说，心之灵也罢，心之理也罢，只因自己受了蒙蔽，所以不能显现。因此要想破除蒙蔽，就要敢于突破其障碍，方能成就。

## 第35候
## 乾卦九五《象传》说："飞龙在天"，大人造也。

**芒种第6天。**乾卦九五"飞龙在天"，所位天德，所以说"大人造也"。乾卦《文言》说："夫大人者，与天地合其德，与日月合其明，与四时合其序，与鬼神合其吉凶。"此乃君子穷理之象。所以宋儒谢良佐语录说："所谓格物穷理，须认得天理，始得。所谓天理者，自然底道理，无毫发杜撰。"

**芒种第7天。**明儒王艮说："天理者，天然自有之理也。才欲安排如何，便是人欲。"可叹世人乱发心灵鸡汤，彼此自相矛盾，或谓之也有一定道理，其实不过是私智之见，可知世人其实不明天理。天理就是真理，世俗之所为"这也有道理，那也有道理"，不过是管窥私智之见，不足为训。

**芒种第8天。**那么如何才能够明达天理呢？《二程遗书》说："为学之道，必本于思，思则得之，不思则不得也。故《书》曰：'思曰睿，睿作圣。'思所以睿，睿所以圣也。"这就是一种智慧心法。古人所说的"思"，就是理性思维，特别是指理性反思觉知能力，所谓元理性思维能力。以思而达无思，则穷理尽性！

**芒种第9天。**但遗憾的是，太多学习者，喜欢寻章摘句，以为见理，转道愈远。真正穷理者，应该如宋儒陆九龄在《与陈德甫》书信中所言："须磊磊落落作大丈夫，净扫平生纰缪意见。"去除胸中成见，不让一丝知见存于胸中，庶几才有穷尽天理的时候。

**芒种第10天。**明儒欧阳德在《答陈盘溪》书信中说："见闻知识，真妄错杂者，误认以为良知，而疑其有所未尽，不知吾心不学而能，不虑而知之本体，非见闻知识之可混。"可见平时那些见闻知识障蔽心性，是穷理明道的模因，需要先行扫除！

### 第36候
### 乾卦上九《象传》说："亢龙有悔"，盈不可久也。

**芒种第11天。**乾卦《文言》说："'亢龙有悔'，穷之灾也。"所谓过犹不及，"盈不可久也"之义。穷理惑于陋见模因，正是"穷之灾也"。但要扫除陋见模因很难！盘踞在人脑中的模因之顽固，超出人们的想象。非大智慧者，不能斩根除尽。宋儒杨庭显说："学者以所得填塞胸中，中毒之深，复不自觉；颜子屡空，还有此否？"唯有内外明彻，方是穷理之时。

**芒种第12天。**朱熹在《朱子语类》中说："今之学者，不曾亲切见得，而臆度揣摸为说，皆助长之病也。道理只平看，意思自见，不须先立说。"依附知识叫有待之心，怎么可能自信！模因，各种歪理邪说、各种妄念法执，甚至一切文字名相，一旦着相，便成智障，能不被牵走鼻子走不？要想不被模因牵绊先要知止无住。

**芒种第13天。**对于明道而言，凡是着有着实都是障蔽。陆九渊认为蔽于物欲易解，而蔽于意见难解，就是这番道理。陆九渊在《陆九渊集》"与邓文范书"中说："愚不肖者之蔽在于物欲，贤者之蔽在于意见，高下污洁虽不同，其为蔽理溺心而不得其正，则一也。"在其《象山语录》中也说："此道与溺于利欲之人言犹易，与溺于意见之人却难。"穷理只在空灵之心境时。

**芒种第14天。**那么，如何才能够破去意见见解（不良模因）之惑呢？这就要依靠智慧了。宋儒程颐说："观天理，亦须放开意思，开阔得心胸，便可见。"关键"学者先要会疑"。批判性觉知思维，是破除一切模因的利器。一方面穷理反其身是落脚处，另一方面万物皆备于我，反身也是穷理的途径。

**芒种第15天。**穷尽天理，即是妙悟性命之理，不可分别拟议，非智慧心法不能到此境界。明儒刘宗周说："天理一点微妙处，提醒工夫在有意无意之间。"要之，智慧便在成物之道中，人人皆有，就在契合与否之间。契合天理，便无亏欠，内外无间，可容万物。凡契合天理，便是穷理明道之气象。

# 第三环节　离丽见性（夏）

离象喻火,外阳内阴;外阳者喻智性,内阴者喻仁性(木性),所谓"火中木"。离卦《象传》说:"离,丽也。日月丽乎天,百谷草木丽乎土。重明以丽乎正,乃化成天下。柔丽乎中正,故亨。是以'畜牝牛,吉'也。"重明觉知能力引领中正之仁性,便可以"化成天下"。离卦《象传》说:"明两作,离。大人以继明照于四方。"离火之智,可以明照四方,指引方向。

**离卦**

《周易·说卦》说:"日以晅之",是因"燥万物者,莫熯乎火"。仁善之心人人具足,只是人们长期引蔽习染,蒙蔽了本性。若欲至诚尽性,当以阳智慧照为主。因此,穷理尽性的第三环节,就是要开启智慧引领的修养活动,去掉熏染,还原善性,所谓"显诸仁"。在《论语注疏·里仁》中孔子说:"仁者无忧",所以孔子又说:"君子去仁,恶乎成名?君子无终食之间违仁,造次必于是,颠沛必于是。"可见仁性的彰显是第一位的。具体目标是通过观止训练培养来达成,止则虚静守壹,观则敦土安仁,刚柔相济之法,来训练培养修习者的"仁爱心"。

## 七、午　姤卦消息

姤卦《彖传》说："姤，遇也。柔遇刚也。'勿用取女'，不可与长也。天地相遇，品物咸章也。刚遇中正，天下大行也。姤之时义大矣哉！"姤卦《象传》说："天下有风，姤。后以施命诰四方。"刚者阳智也，觉知意识，以觉知意识引领阴柔之仁性，所谓"柔遇刚也"。咸者感也，含章者，仁性也，所以"品物咸章"，就是感受仁性。依靠阳刚之智能够体验中正之仁性，心性修养之大行。所以说"刚遇中正，天下大行也"。

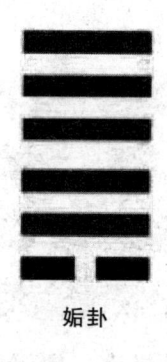

**姤卦**

姤象应坤卦初六。感受仁性自坤卦初六之阴爻开始。坤卦初六爻辞说："履霜，坚冰至。"坤卦初六《象传》说："'履霜坚冰'，阴始凝也；驯致其道，至坚冰也。"坤卦《文言》说："积善之家，必有馀庆；积不善之家，必有馀殃。臣弑其君，子弑其父，非一朝一夕之故，其所由来者渐矣，由辩之不早辩也。《易》曰'履霜坚冰至'，盖言顺也。""驯致其道"，一阴初至，所以"阴始凝也"。阴凝积善，仁性柔顺，所以说"履霜坚冰至，盖言顺也"。

姤卦消息，对应夏至静坐与小暑正心两个节气的修养环节。如何阴凝仁性，唯有去除一切意向对象，所谓"退符"静虑。静虑要有成效，先行正念凝神之法。明儒潘士藻在《暗然堂日录》中说："人身常要竖立得起，少有放松昏怠之气随之矣。惟能常常挺然竖立，不令放倒，此凝神驭气之要诀。"现代脑科学也发现，凝神正念有助于增强注意集中、达成专注高效之品质。

## （一三）夏至静坐

夏至静坐，静坐可以明心。《礼记正义·大学》说："知止而后有定，定而后能静，静而后能安，安而后能虑，虑而后能得。"穷理知止之后，就是定静功法，以体认天理。宋儒李侗说："学问之道，不在多言，但默坐澄心，体认天理。若真有所见，虽一毫私欲之发，亦退听矣。久久用力于此，庶几渐明，讲学始有力耳。"所谓"退听"，不住于心。可见，静坐也不失是一种修养途径。

离卦初九《象传》说："'履错'之敬，以辟咎也。"王弼注云："处离之始，将进而盛，未在既济，故宜慎其所履，以敬为务，辟其咎也。"静与敬相关，同样可以"辟其咎也"。因此，明儒高攀龙在《静坐说》强调指出："静中得力，方是动中真得力，动中得力，方是静中真得力。所谓敬者此也，所谓仁者此也，所谓诚者此也，是复性之道也。"当代脑科学研究表明，静坐修心有助于缓解生活压力、提高专注能力、戒断不良习惯。

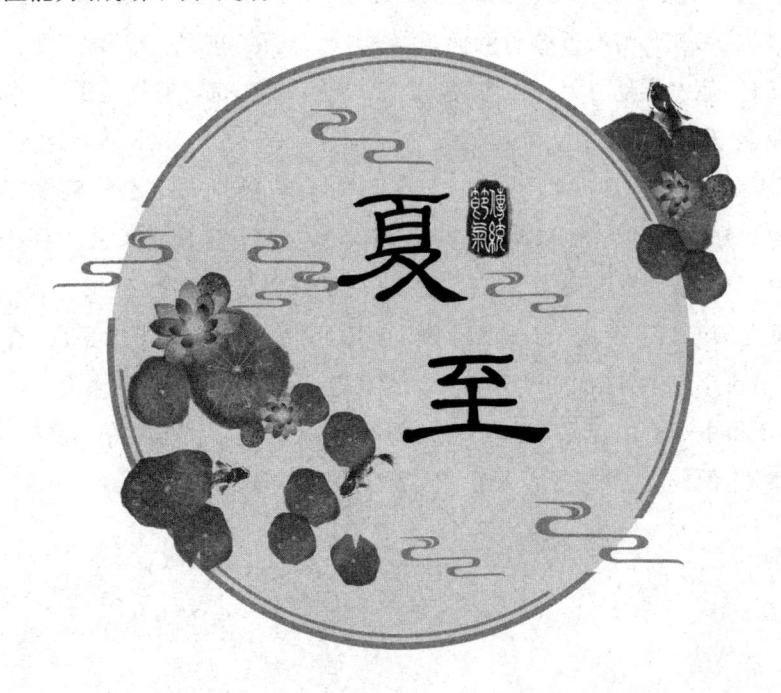

## 第37候
### 姤卦初六《象传》说:"系于金柅",柔道牵也。

**夏至第1天。** 王弼注云:"柔之为物,不可以不牵。"姤卦初六之义,便是一阴退符,所谓"柔道牵也"。在《陆九渊集》中陆九渊认为:"人生而静,天之性也。感物而动,性之欲也,是为不识艮背行庭之旨。"感物而动者,便是柔道之牵,但以消退之法对治。艮背行庭,便是艮止消退之法。在宋儒陆九渊看来,"此道非争竞务进者能知,惟静退者可入"。

**夏至第2天。** 明儒罗洪先说:"学须静中入手,然亦未可偏向此中躲闪过,凡难处与不欲之念,皆须察问从何来。"在《答高白坪》书信中又说:"欲之有无,独知之地,随发随觉,顾未有主静之功以察之耳。……。故尝以为欲希圣,必自无欲始,求无欲,必自静始。"所以,心性修习可以从静中入手。

**夏至第3天。** 正因为如此,宋明性理之学有主静之说。明儒王畿在《答吴中淮》书信中说:"静者,心之本体。濂溪主静,以无欲为要。一者,无欲也,则静虚动直。主静之静,实兼动静之义。动静,所遇之时也。人心未免逐物,以其有欲也。无欲,则虽万感纷扰而未尝动也。从欲,则虽一念枯寂而未尝静也。"切记,静虑就是要去掉一切欲念之心,无论好恶,都要坚持正觉!

**夏至第4天。** 长期坚持静虑修炼,甚至还可以达到修心养性、延年益寿和养颜美容之功效。在日常生活中,平日之气浮、言躁、心忙、交滥、病多、念乱,均可以以守一、守默、省事、闭户、寡欲、静坐来对治。宋儒程颢说:"学者今日无可添,只有减,减尽,便无事。"就是要通过消减以复见人之仁性。

**夏至第5天。** 明儒王时槐在《答贺弘任》书信中指出:"学无多说,若真有志者,但自觉此中劳攘,不得不静坐以体察之,便须静坐;或自觉人伦事物上欠实修,不得不于动中着力,便须事上练习,此处原无定方。"内心存养之初,要学会息事,先做减法,等到有了入处,然后便能每临事而不乱。

## 第38候
### 姤卦九二《象传》说："包有鱼"，义不及宾也。

夏至第6天。对于那些找借口不屑于静虑者，实为警醒之语。王弼注云："擅人之物，以为己惠，义所不为，故'不利宾'也。"处此姤卦九二位，要除去"义不及宾"之物事，唯有静坐退符之法。明儒王文辕语录指出："所谓静坐事，非欲坐禅入定，盖因吾辈平日为事物纷拏，未知为己，欲以此补小学收放心一段功夫耳。"

夏至第7天。宋儒李侗在《延平答问》中说："虚一而静。心方实，则物乘之，物乘之则动。心方动，则气乘之，气乘之则惑。惑斯不一矣，则喜怒哀乐皆不中节矣。"应该指出，静功修炼属于渐修治心方法，重点是在于对心、神、性的调养，以达中和心境。

夏至第8天。明儒邹元标在《铁佛会记》中说："私虑不了，私欲不断，毕竟是未曾静，未有入处。心迷则天理为人欲，心悟则人欲为天理。"可见想要尽道，先要清除思虑，直到无希冀心，方是入道门径。要知道，静虑修炼自然不可有厌倦、懒散心，但也千万不可有希冀心。

夏至第9天。明儒陈献章主张"静中养出端倪"，明儒唐顺之在《答吕沃州》书信中对此解释道："此语须是活看。盖世人病痛，多缘随波逐浪，迷失真源，故发此耳。若识得无欲为静，则真源波浪，本来无二，正不必厌此而求彼也。"人心越静越灵，但能心静，自然欲自去。

夏至第10天。在具体可操作层面，静坐之法可以唤起此心使之常明。高攀龙在《静坐说》中指出："静坐之法，唤醒此心，卓然常明，志无所适而已。志无所适，精神自然凝复，不待安排，勿著方所，勿思效验。初入静者，不知摄持之法，惟体帖圣贤切要之言，自有入处。静至三日，必臻妙境。"既如此，何乐而不为呢！

#### 第39候
### 姤卦九三《象传》说："其行次且"，行未牵也。

**夏至第11天。**孔颖达正义曰："然复得其位，非为妄处，特以不遇其时，故致此危厉，灾非己招，故无大咎。"对于静坐而言也然，虽然未臻妙境，起码可以提高心理品质。明儒刘宗周在《会语》中说："静坐是养气工夫，可以变化气质。"

**夏至第12天。**在平时指导学人之时，陈献章也都强调静坐之法。比如他在《陈献章集》"与林友"书中说："学劳攘则无由见道，故观书博识，不如静坐。"在"与贺克恭"书中则说："为学须从静坐中养出个端倪来，方有商量处。"所谓端倪，心性之显露者，非静极不能显露。

**夏至第13天。**明儒王时槐则说："澄然无念，是谓一念。非无念也，乃念之至隐至微者也。此正所谓生生之真几，所谓动之微、吉之先见者也。"此所以周敦颐既主静又倡导诚几之旨的缘由！动中有静，静中有动，动静相须之几，正是心性生发之时。

**夏至第14天。**但要注意，宋明性理心法强调主静之法，不是要坐禅入定，而是要更好地动以应事的。在《朱子语类》中朱熹说："静坐非是要如坐禅入定，断绝思虑。只收敛此心，莫令走作闲思虑，则此心湛然无事，自然专一。及其有事，则随事而应；事已，则复湛然矣。"修身养性就当如此，方能成就许多事业！所谓磨刀不误砍柴工！

**夏至第15天。**宋明性理学家的静坐功法特别强调动静互涵。明儒胡居仁说："心常有主，乃静中之动；事得其所，乃动中之静。"主静之说虽着眼于静，实际是静不离动，动不离静的，强调动静无间。因此，其与佛道两家的静功还有所不同，这一点特别要引起初学者注意。

## （一四）小暑正心

小暑正心，复性知仁。在《孟子注疏·公孙丑》中孟子说："必有事焉而勿正，心勿忘，勿助长也。"明儒湛若水在《湛若水先生文集》"静观堂记"中给出的观心之法是："观以不观，无在而无不在。动静之际，有无之机，勿忘勿助之间，观之至也。"于此可知，光靠专一静坐不可能到达动静皆定的恒照之境，更需要"勿忘勿助"无为功法，然后庶几可以达成恒照之境。

离卦六二《象传》说："'黄离元吉'，得中道也。"王弼对"黄离元吉"的注云："居中得位，以柔处柔，履文明之盛而得其中。"所以"得中道也"。子思在《礼记正义·中庸》指出："诚者不勉而中，不思而得，从容中道，圣人也。"宋儒谢良佐语录指出："学者不可著一事在胸中。才著些事，便不得其正。"此皆为正心之论，正心然后可以"得中道也"。

## 第40候

### 姤卦九四《象传》说："无鱼"之凶，远民也。

**小暑第1天。** 王弼注云："二有其鱼,故失之也。"心有二心,不得其正。如何才是正心？明儒万廷言则说："予学以收放心为主,每少有驰散,便摄归正念,不令远去。久之,于心源一窍渐有窥测,惟自觉反身默识一路滋味颇长耳。"正心方法基础是"进退",关键却在于"正念"下手功夫,勿忘勿助！进火,提升觉知注意水平；退符,降低内心意向程度。关键要顺其天机自然,当行则行,当止则止。

**小暑第2天。** 注意,在静坐中,昏沉就是不清醒,正念就是要清醒地无念。所谓正念就是一方面要消除乱念,另一方面则要惺惺不昧！所以正念就是正觉：除妄去念为正,惺惺不昧为觉。朱熹在《朱子语类》中说："心只是一个心,非是以一个心治一个心。所谓存,所谓收,只是唤醒。"所言存与收合一,强调的就是正心。

**小暑第3天。** 在正心过程中,关键是达到勿忘勿助的无念,而不是刻意追求无念的死寂。明儒吕怀在《与杨朋石》书信中说得分明："静坐工夫,正要天机流行,若是把定无念,即此是念,窒塞天机,竟添一障。"修习者要明白。

**小暑第4天。** 明儒王时槐在《答刘心蘧》书信中指出："静中涵养,勿思前虑后,但澄然若忘,常如游于洪濛未判之初。此乐当自得之,则真机跃如,其进自不能已矣。"心中不可念着一事,只要念着事情,有所执着,便不是正念。

**小暑第5天。** 明儒王畿在《书陈中图卷》中说："工夫只在喜怒哀乐发处,体当致和,正所以致中也；内外合一,动静无端,原是千圣学脉。"动静无端之时,诚几显现。所谓诚几之几,不确定纠缠态,是动中有静,静中有动,是界乎动静之间者。关键要自己做到"勿忘勿助"。勿忘勿助是针对有事而言的,不可悬空去守,需要在事上磨炼出来,方可达正心之效。

**第 41 候**

**姤卦九五《象传》说：九五"含章"，中正也。**

**"有陨自天"，志不舍命也。**

　　小暑第 6 天。含章者，仁性之喻，唯心中正得以显现。静极而生，心空而灵，能应万事，只此便是真境界！所以明儒罗洪先描述道："内外两忘，乃千古入圣秘密语。凡照应扫除，皆属内境，安排酬应皆属外境，二境了不相干，此心浑然中存，非所谓止其所乎？此非静极，何以入悟。"无事守静，当内外两忘，此静极之境界，所谓九五"含章"。

　　小暑第 7 天。明儒吕柟说："动时体认天理，犹有持循处，静却甚难，能于静，则于动沛然矣。"所谓无事内守，有事外用。静中不思动，不可有"忘"之心；动中不思静，不可有体道之心。唯有不动异念，动静皆能守一，是真定者。所以动静之心不可急迫，但凡急迫反而违逆正念。

　　小暑第 8 天。王阳明在《王阳明全集》中有言："动静只是一个。那三更时分，空空静静的，只是存天理，即是如今应事接物的心。如今应事接物的心，亦是循此理，便是那三更时分空空静静的心。故动静只是一个，分别不得。知得动静合一，释氏毫厘差处亦自莫掩矣。"如果一定要确切地说，那么"几"就是动静纠缠态，乃入圣之象。

　　小暑第 9 天。所以宋明性理治心，静字看得极为精致，讲静法便是离不开动法。明儒曹端说："学者须要识得静字分晓，不是不动便是静，不妄动方是静，故曰'无欲而静'。到此地位，静固静也，动亦静也。"可见千圣学脉，不过就是把握那动静无间之几。

　　小暑第 10 天。应该说动静皆定，才可以言本体，王阳明在《传习录》上篇中说："定者心之本体，天理也，动静所遇之时也。"因此，无论动与静，治心关键在于"定"，并将动静无间之定心，看做是照心。对于王阳明而言，这种动静皆定的最终境界，就是"无妄无照"的恒照之境。

### 第42候
### 姤卦上九《象传》说："姤其角"，上穷吝也。

小暑第 11 天。王弼注云："进而无遇，独恨而已，不与物争，其道不害，故无凶咎也。"其对正心具有指导意义，正心觉悟乃进而无所遇者。宋儒范浚在《存心斋记》中说："学者，觉也。觉由于心。心且不存，何觉之有！"因此"能于勿忘勿助之间，默识乎所谓至静者，此存心之奥也"。可谓至理名言。

小暑第 12 天。明儒罗洪先《与蒋道林》说："当极静时，恍然觉吾此心中虚无物，旁通无穷，有如长空云气流行，无有止极；有如大海鱼龙变化，无有间隔。无内外可指，无动静可分，上下四方，往古来今，浑成一片，所谓无在而无不在。"此处"心中虚无物"便是进而无遇之际，正好可以"浑成一片"达成"无在而无不在"之妙境。

小暑第 13 天。宋儒杨庭显在《慈湖先训》中说得最为到位，他说："吾之本心，澄然不动，密无罅隙处。人自己尚不识，更向何处施为。"无处施为，唯有退藏于密，不思而得，方能内外合一。

小暑第 14 天。欲去念者，又为一念，如何去得乱念？所以要勿忘勿助，行正念之法。明儒王时槐在《答王永卿》书信中说："所论'去念守心'，念不可去，心不可守。真念本无念也，何去之有？真心本无相也，何守之有？惟寂而常照，即是本体，即是功夫，原无许多歧路费讲说也。"此说便是静极寂照相须之法。

小暑第 15 天。总之，所谓正念就是要做到"艮其背，不获其身"，不受外界污染；"行其庭，不见其人"，忘掉主观的东西；总归就是心虚而得内外两忘而合一之气象。明儒罗洪先在《答陈豹谷》论学书信中说："离却意象，即无内外，忘内外，本心得矣。"这样便可达成无住生心的正念状态。

## 八、未　遁卦消息

遁卦《彖传》说:"遁,亨,遁而亨也。刚当位而应,与时行也。'小利贞',浸而长也。遁之时义大矣哉!"遁卦《象传》说:"天下有山,遁。君子以远小人,不恶而严。"阳智之刚,"当位而应",恪守中道之义。所以君子当"远小人",去除一切不良恶习,自然可以做到"不恶而严"之境界。

**遁卦**

遁象应坤卦六二。身心不动,则仁性初现,当以持敬慎独为上。坤卦六二爻辞说:"直方大,不习无不利。"坤卦六二《象传》说:"六二之动,直以方也。不习无不利,地道光也。"坤卦《文言》说:"直其正也,方其义也。君子敬以直内,义以方外,敬义立而德不孤。'直方大,不习无不利',则不疑其所行也。"直其心,方其行,不习而止为要,如此"地道光也"。地道者,坤象仁爱之道。

遁卦消息,对应大暑持敬与立秋慎独两个节气的修养环节。宋儒陈埴在《木钟集》中说:"想得好一片空阔世界,只缘未下持敬慎独工夫,欲见此境界不能。"持敬然后能知独,知独然后能显仁性。唯有持敬和慎独,才能够不断维持仁性,然后可以成就"敬以直内,义以方外",才能"不恶而严"。

## (一五)大暑持敬

大暑持敬,消解妄念。《论语注疏·子路》樊迟问仁,孔子曰:"居处恭,执事敬,与人忠。虽之夷狄,不可弃也。"持敬就是要"居处恭,执事敬,与人忠",明儒邹守益在《与胡鹿厓》书信中说:"圣门要旨,只在修己以敬。"明儒曹端有《语录》说:"人能恭敬,则心便开明。"要开明其心,当行持敬之法,落实到具体的生活人事相处之中。

离卦九三《象传》说:"'日昃之离',何可久也。"王弼注云:"明在将终,若不委之于人,养志无为,则至于耋老有嗟,凶矣。"不能常持养志无为之敬,则其心"生养不熟",故其命必凶。所以明儒罗侨《潜心语录》说:"凡细微曲折之不能谨,惰慢放逸之不能除,只是心生养不熟,持敬工夫尚欠耳。"养志无为,平时常唤起此心,便是持敬。

## 第43候
**遁卦初六《象传》说："遁尾"之厉，不往何灾也。**

　　**大暑第1天。**孔颖达正义说："当遁之时，宜须出避。"持敬便是内守出避外诱，宜须速行而居先，不可陷入"遁尾"之厉。因此明儒敬轩先生薛瑄在《读书录》中所说："当事务丛杂之中，吾心当自有所主，不可因彼之扰扰而迁易也。"要想不被外诱所迁易，当行持敬之法。

　　**大暑第2天。**圣道治心，首先强调以敬为主的存养方法。宋儒朱熹认为："以敬为主，则内外肃然，不忘不助，而心自存。不知以敬为心，而欲存心，则不免将一个心把捉一个心，外面未有一事时，里面已有三头两绪，不胜其扰也。就使实能把捉得住，只此已是大病，况未必真能把捉得住乎！"持敬之法，此处已经讲述得非常周全了。

　　**大暑第3天。**那么，什么是敬呢？敬关键在于专一，故持敬也在敬一之功夫上。"一"则纷乱之念息，行事时便心无烦扰。明儒胡居仁强调指出："有事时专一，无事时亦专一，此敬之所以贯乎动静，为操存之要法也。"所以敬与静不同之处，便在于敬是事上做的功夫，所谓"执事敬"。

　　**大暑第4天。**何为"执事敬"？明儒罗侨说："身在此，心即在此，事在此，心即在此，精神专一，莫非天理流行，即敬也。愈严愈密，是之谓笃恭。事如是，心亦如是，表如是，里亦如是，纯粹真实，莫非天理周匝，即诚也。"所谓天理流行，便是心流呈现，凡做事能如此，便不失持敬大旨。

　　**大暑第5天。**用心专一，执事之心便要常处惺惺不昧之境。宋儒张栻在《南轩答问》中说："夫敬则惺惺，而乃觉昏昏，是非敬也。惟深自警励，以进主一之功，幸甚！"惺惺不昧便是觉，能够保持觉知意识水平，便常能用心专一。久之，不但常获事半功倍之效，而且常处精力充沛之态。

## 第44候
### 遁卦六二《象传》说：执用黄牛，固志也。

**大暑第 6 天。**王弼注云："居内处中，为遁之主，物皆遁己，何以固之？"自然要"固志也"。固志，不过就是主一处中而已。关于主一处中，明儒湛甘泉在《答邓恪昭》书信中也说："所云主一，是主一个中，与主一是主天理之说相类。然主一，便是无一物，若主中主天理，则又多了中与天理，即是二矣。但主一，则中与天理自在其中矣。"所谓主一守中，"心无一物"即是"物皆遁己"，所谓心无旁骛。

**大暑第 7 天。**敬何以达诚呢？须主一守中，敬而不失。宋儒程颐说："敬，只是主一也。主一，则既不之东，又不之西，如是则只是中；既不之此，又不之彼，如是则只是内。存此，则自然天理明白。学者须是将'敬以直内'涵养此意。直内是本。"这里的"主一"，便是"敬而无失"，所以程颐又说："敬而无失，便是'喜怒哀乐未发之谓中'也。敬不可谓之中，但敬而无失即为中也。"

**大暑第 8 天。**明儒薛瑄《读书录》说："人不持敬，则心无顿放处。"又说："只主于敬，才有卓立，不然东倒西歪，卒无可立之地。"所以，平日敬而主一，时时醒觉，不让忿欲生于心，自然心地平和。敬者，动静随事，觉而专一之谓也。

**大暑第 9 天。**所以，持敬主一，并非要被一个"敬"字拘迫了。宋儒张栻说："所谓持敬，乃是切要工夫，然要将个敬治心，则不可。盖主一之谓敬，敬是敬此者也。若谓敬为一物，将一物治一物，非惟无益，而反有害，乃孟子所谓必有事焉而正之，卒为助长之病。"凡敬不可刻意而为，当随顺自然，勿忘勿助。

**大暑第 10 天。**宋儒程颐认为："大凡人心不可二用，用于一事，则他事更不能入者，事为之主也。事为之主，尚无思虑纷扰之患，若主于敬，又焉有此患乎？所谓敬者，主一之谓敬。所谓一者，无适之谓一。"可见持敬主一，便是做事的根本。坚持持敬，功成于勤勉，废于荒疏。

## 第45候

遯卦九三《象传》说："系遯"之厉，有疾惫也。
"畜臣妾吉"，不可大事也。

大暑第 11 天。心有所系，则"有疾惫也"。人若真能做到持敬主一，自然就不会有任何杂虑系缚。如果此时还有杂念要摒除，则恰恰说明持敬还没有做到。明儒曹端指出："一诚足以消万伪，一敬足以敌千邪，所谓先立乎其大者，莫切于此。"可见由敬而诚乃圣学之关键，心能处事而不被所处之事牵绊，便是真落拓无碍者。

大暑第 12 天。宋儒张栻在《南轩答问》中说："所谕'收敛则失于拘迫，从容则失于悠缓'此学者之通患。于是二者之间，必有事焉，其惟敬乎！拘迫则非敬也，悠缓则非敬也。但当常存乎此，本原深厚，则发见必多，而发见之际察之则必精矣。"可见持敬之要就是勿忘勿助。心中无事无物，则自然落拓无碍，无乱思杂虑。所以敬在做事之中，所谓每事敬。

大暑第 13 天。持敬之道，平日做事内心修习，最要从容不迫，关键应于灵魂深处涵泳，重在自得。朱熹在《朱子语类》中说："学者须敬守此心，不可急迫，当栽培深厚。栽，只如种得一物在此。但涵养持守之功继继不已，是谓栽培深厚。如此而优游涵泳于其间，则浃洽而有以自得矣。苟急迫求之，则此心已自躁迫纷乱，只是私己而已，终不能优游涵泳以达于道。"这其实就是子思所谓的"不勉而中，不思而得"，当了然于心。

大暑第 14 天。切记持敬之要，关键常唤醒此心。其实，要收拾此心，需用敬，而所谓"敬"，用宋儒朱熹的话讲就是："敬非别是一事，常唤醒此心便是。人每日只鹘鹘突突过了，心都不曾收拾得在里面。"学者当需体悟明白！

大暑第 15 天。最后强调，持敬是入道之本。《二程集》说："识道以智为先，入道以敬为本。夫人测其心者，茫茫然也，将治心而不知其方者，寇贼然也。天下无一物非吾度内者，故敬为学之大要。"总之，持敬是圣道心法之核心，有事动也敬，无事静也敬，动静皆能主一，便是真能持敬者。

# (一六)立秋慎独

一叶知秋,最当慎独。战国思想家子思在《礼记正义·中庸》中说:"是故君子戒慎乎其所不睹,恐惧乎其所不闻。莫见乎隐,莫显乎微,故君子慎其独也。"持敬涵养所以至诚,功夫便在慎独。在《湛若水先生文集》中湛若水因此指出:"是故始之敬者,戒惧慎独以养其中也。……。终之敬者,即始之敬而不息焉者也。"持敬然后慎独,存心养性始终不息,可以见独,心流自出,如石泉潜流而清。

离卦九四《象传》说:"'突如其来如',无所容也。"王弼注云:"处于明道始变之际,昏而始晓,没而始出,故曰'突如其来如'。"此时凡违背离明之意皆"无所容也"。君子处此明道始变之时,唯守慎独之法。正如宋儒程颐所言:"惟慎独便是守之之法。"确为知道之言。然后久之便有"突如其来如"的心性显明之效。

## 第46候
### 遁卦九四《象传》说：君子"好遁"，"小人否"也。

　　立秋第1天。遁者，隐退逃避之名。慎独，心遁之象，遁后心性得通，所以君子"好遁"。但凡能舍思虑，以达神几而无妄，即是慎独之功。明儒吴与弼语录："人生但能不负神明，则穷通死生，皆不足惜矣。欲求如是，其惟慎独乎！"

　　立秋第2天。明儒杨爵《漫录》云："心静则能知几，方寸扰乱，则安其危，利其灾，祸几昭著而不能察矣，况于几乎！几者，动之微，而吉凶之先见者也。所谓先见，亦察吾之动是与不是而已。所动者是，吉即萌于此矣；所动者不是，凶即萌于此矣，故学者以慎独为贵。"慎独者，慎独于几。

　　立秋第3天。宋儒邵雍说："凡人之善恶，形于言，发于行，人始得而知之。但萌诸心，发乎虑，鬼神已得而知之矣，此君子所以慎独也。"又说："思虑一萌，鬼神得而知之矣。故君子不可不慎独。"慎独之要，只在不自欺，凡起思虑不当，虽内隐而未有外显，已是自欺，所以要"戒慎于不睹不闻之际"。

　　立秋第4天。宋儒陈埴在《木钟集》中指出："洒扫应对虽是至粗浅事，但心存则事不苟，此便是上达天理处。慎独是存主此心，存此心，便是存天理。"日用处人应世之间，常存主此心，便是慎独。

　　立秋第5天。明儒季本《说理会编》云："圣人之学，只是慎独，独处人所不见闻，最为隐微，而己之见显莫过于此。故独为独知，盖我所得于天之明命，我自知之，而非他人所能与者也。"所以慎独功夫，全靠自觉，不敢自欺！

## 第47候
### 遁卦九五《象传》说："嘉遁贞吉"，以正志也。

  **立秋第6天。**所谓"嘉遁"，遁而得正之美，所以正志。就内心修养而言，进道便是正志。宋儒邹浩在《道乡语录》中说："修学易，进道难。何为进道？慎独是也。"又说："思虑不清，便乖慎独之道。"清除纷乱思虑而使其发而中节，正是慎独之功。

  **立秋第7天。**宋儒真德秀在《西山答问》中说："惟其未发也，戒惧而不敢忘；将发也，慎独而不敢肆，则其发自然中节矣。"未发是中，将发而使之皆中节，正是慎独功夫。可见位天地、育万物得中和之境，全在慎独功夫。

  **立秋第8天。**明儒王艮有《心斋语录》云："常是此中，则善念动自知，妄念动自知，善念自充，妄念自去，如此慎独，便是知立大本。"如此慎独，善念心中常存而无妄，则自然天机流行，鸢飞鱼跃，心悦无有间断，所谓心流自现。

  **立秋第9天。**明儒邹守益之子邹善有语录云："所谓将来学问，只须慎独，不须防检，而既往愆尤习心未退，当何以处之？夫吾之独处，纯然至一，无可对待。识得此独，而时时慎之，又何愆尤能入、习心可发耶？"无是非分别之心，是谓"纯然至一，无可对待"。入此慎独之境，那么所有的过失（愆尤）、恶习（习心），也就不会有了。

  **立秋第10天。**明儒高攀龙《书扇》云："凡人而可至于圣人者，只在慎独。独者本然之天明也，人所不知，而己所独知也，是即知其为是，非即知其为非，非由思而得，非由虑而知。"无思无虑，是为正思，正思然而见独，见独然后入圣人之境。

**第 48 候**

**遁卦上九《象传》说："肥遁无不利"，无所疑也。**

立秋第 11 天。对于遁卦上九，王弼注云："最处外极，无应于内，超然绝志，心无疑顾，忧患不能累，矰缴不能及，是以'肥遁无不利'也。"此即应慎独成功之象。明儒刘宗周说："静中养出端倪，端倪即意，即独，即天。"无思无虑是为静极，静极而动者，便是"端倪"，见独之象。

立秋第 12 天。明儒邹元标在《诚意》讲义中说："君子慎独，从心从真，只是认得此真心，不为意所掩，故通天通地，指视莫违，心广体胖，斯为真慎独。"通天通地便是通道之际；"心广体胖"，从容中道之喻。

立秋第 13 天。明儒王栋语录云："诚意工夫在慎独，独即意之别名，慎即诚之用力者耳。意是心之主宰，以其寂然不动之处，单单有个不虑而知之灵体，自做主张，自裁生化，故举而名之曰独。"不虑而知，至诚无息，博厚高远，此所以说可以"自做主张，自裁生化"，全是慎独之功。

立秋第 14 天。明儒冯从吾在《疑思录》中说："君子慎独，只是讨得自家心上慊意。自慊便是意诚，则便是浩然之气塞于天地之间。"这里"慊意"同"惬意"，"自慊"为"自足惬意"。诚意，乃不自欺。所以说，惟有慎独不自欺，达到意诚之境界，方能心地自然自足惬意，心流自现。

立秋第 15 天。明儒方学渐在《心学宗》中说："慎独者圣学之要，当其燕居独处之时，内观本体湛然惺然，此天理也，存理而欲自退，是第一着工夫；内观此中稍有染着，此人欲也，检察欲念，从何起根，扫而去之，复见本体，遏欲以还理，是第二着工夫。两者交修，乃慎独之全功也。"日常闲居（燕居）独处之时，正是内观慎独用功之时，存理去欲，则心体自然明澈醒觉，所谓"湛然惺然"。

## 九、申　否卦消息

否卦《彖传》说："'否之匪人，不利君子贞，大往小来'，则是天地不交，而万物不通也；上下不交，而天下无邦也。内阴而外阳，内柔而外刚，内小人而外君子，小人道长，君子道消也。"否卦《象传》说："天地不交，否。君子以俭德辟难，不可荣以禄。"否卦虽"不利君子贞"，但若能"俭德辟难"远离"荣禄"，则可否极泰来。

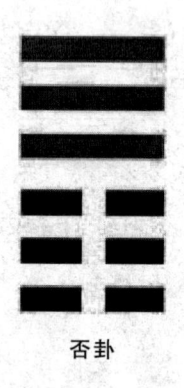

否卦

否象应坤卦六三。坤卦六三爻辞说："含章可贞，或从王事，无成有终。"坤卦六三《象传》说："'含章可贞'，以时发也；'或从王事'，知光大也。"坤卦《文言》说："阴虽有美，含之以从王事，弗敢成也。地道也，妻道也，臣道也。地道无成，而代有终也。"含有阴柔之美仁，所以含章可贞。"地道无成"乃无为之法，勿忘勿助，美仁以时而发，仁性必能光大。

否卦消息，对应处暑省察与白露存养两个节气的修养环节。何为"地道无成"之法，无非修习省察与存养之道。对于基因欲望之过和模因妄执之过，对治途径便是省察与存养。明儒王阳明在《传习录》中指出："省察是有事时存养，存养是无事时省察。"存养与省察相辅相成，唯有如此动静结合，可以事半功倍。但要须知存养是本，省察是功。心性修养始于存养，存养之道始于省察。

## (一七)处暑省察

处暑省察,闭门思过,自我省察。存心养性首先要学会不断反省自己,所谓迁善也是要通过反省来到达的。在《论语注疏·里仁》中,孔子说:"见贤思齐焉,见不贤而内自省也。"所以,在《论语注疏·学而》中曾子才有说:"吾日三省乎吾身:为人谋而不忠乎?与朋友交而不信乎?传不习乎?"应该说,就是承继了孔子时刻省察自己的思想。唯有时时自我省察,然后方能存心养性,心性日趋完善。

离卦六五《象传》说:"六五之'吉',离王公也。"离,丽照之义,"王公"喻仁性之正位,六五之吉,喻成仁之象。如何至此正位?唯有省察思过才能知仁成之。在《论语注疏·里仁》中,孔子为此专门指出:"人之过也,各于其党。观过,斯知仁矣!"时时省察自观己过,然后可以知仁而成就圣贤之位。

## 第49候
### 否卦初六《象传》说：拔茅贞吉，志在君也。

**处暑第1天。** 王弼注云："居否之初，处顺之始，为类之首者也。"所以"志在君也。故不苟进。"这里"君"者指"心"，不苟进，则退而省察。明儒刘宗周指出："省察是存养之精明处。"并进一步说明："省察二字，正存养中吃紧工夫。如一念于欲，便就此念体察，体得委是欲，立与消融而后已。"反身察己，除恶扬善，所谓"志在君也"。

**处暑第2天。** 如此，唯有省察己非，方能知立德之处。宋儒吕祖谦就说："用工夫人，才做便觉得不是。觉得不是，便是良心。"因此，唤起良知，无过于时时省察；提高自己理性反思觉知能力，才能够克除忿欲之心，扫清妄念之虑。

**处暑第3天。** 人心要时时省察警醒，否则便会日渐障蔽而不知。王阳明在《传习录》中说："心之本体，无起无不起，虽妄念之发，而良知未尝不在，但人不知存，则有时而或放耳。虽昏塞之极，而良知未尝不明，但人不知察，则有时而或蔽耳。"因此，此心不可一日无省察之功。

**处暑第4天。** 明儒欧阳德说："觉则无病可去，患在于不觉耳。常觉则常无病，常存无病之心，是真能常以去病之心为心者矣。"修身养性者开展圣道修习，当常以此为警醒之语。在日常生活中更多的时候人们也是抱怨多而作为少，并且往往是自己扬起尘土然后抱怨看不见。当人们在指责人心每况愈下的时候，有没有反省过自己也是其中的推手？

**处暑第5天。** 明儒刘宗周则说："才认己无不是处，愈流愈下，终成凡夫；才认己有不是处，愈达愈上，便是圣人。"其日用简易之法乃是：遭遇不正之心，可以努力反思其根源，促使尽快平复，然后静虑省察片刻，即图改正。但能持之以恒，假以时日，必见效果。修习者当自努力！

## 第 50 候
### 否卦六二《象传》说："大人否，亨"，不乱群也。

**处暑第 6 天**。居"否"而"否"之，是为大人之"否"，所有亨通。就日常生活而言，人们往往不能时刻检点自己，肆意沉迷于声色滋味，把那良知之心，渐渐都消磨不知了，正所谓居"否"而不知"否"，乃小人也。正如朱熹在《朱子语类》中所云："今人于饮食动使之物，日极其精巧。到得义理，却不理会，渐渐昏蔽了都不知。"物欲横流，小心被欲望断送了性命！世人往往知进不知退，知存不知亡，故圣人之道鲜能守矣。

**处暑第 7 天**。要知道，天理人欲势不两立。明儒薛瑄指出："人心一息之顷，不在天理便在人欲，未有不在天理人欲，而中立者也。"所以省察之道，先要除恶。不良恶气不能省察制止，又何以谈得上善性显现！这也是眼下社会的痼疾，非花力气改造人心不可。

**处暑第 8 天**。省察去恶扬善，何法处置，必也正心而已。朱熹在《朱子语类》中说："心得其正，方能知性之善。"《大学》指出，正心必先去忿懥（怒）、恐惧、好乐和忧患（虑）之心，归根到底是要去那浮泛忿欲与思虑之心。

**处暑第 9 天**。日常生活，人们往往重视治身之病而疏于治心之病，如此自然不得要领。正如宋儒张栻指出的："病之在身，犹将不远秦、楚之路求以治之，病之在心，独不思所以治乎？"省察心病，审处救治之方，则病去然后仁性显。仁性常显，则寿命必长，所谓"观过，始知仁"之谓。

**处暑第 10 天**。因此，就如时常检查身体健康一样，也要时时检点言行是否为正。宋儒谢良佐指出："夫人一日间颜色容貌，试自点检，何尝正，何尝动，怠慢而已！"古代有一个自省的小方法：自省时发现有恶念，向碗中投一颗黑棋子，发愿戒除；如是善念则投一颗白棋子，发愿保持。久之，白子越来越多，黑子越来越少，则言动之心也就是越来越归其正了。

## 第 51 候
## 否卦六三《象传》说："包羞"，位不当也。

**处暑第 11 天**。群阴俱用小人之道包承于上，唯有"羞辱"而已，所以失位不当。此时省察，唯当"卑以自牧"，可以救治不当之位！宋儒吕祖谦就说过："'逊'字是入道之门。"人但凡谦逊，尊敬他人而自己也必受人尊敬；谦卑自己则内心自信，他人自然也轻慢羞辱不得。

**处暑第 12 天**。须知存心养性首先在于觉知能力的提升，而谦逊便是培养觉知能力的入门途径。谦虚者，虚怀若谷。明儒刘宗周在《易簣语》中说："常将此心放在宽荡荡地，则天理自存，人欲自去矣。"保持谦逊之心，是存养心性的前提。

**处暑第 13 天**。明儒罗侨在《潜心语录》中说："欲看动时无差，须在静时无欠，欲看行时无差，须在知处无欠。学者工夫，不过谨于性情心术念虑之微，喜怒忧惧、爱恶嗜欲、视听言动、衣冠寝兴、食息辞受、取予出处、进退穷达、患难死生之际，涵养于平时，察识于方动，审决于临事，则无适非道，而效验随之矣。"静时省察有力，动处应事无咎。

**处暑第 14 天**。明儒冯从吾在《疑思录》中说："外省不疚，不过无恶于人，内省不疚，才能无恶于志。无恶于人，到底只做成个乡愿，无恶于志，才是个真君子。"内外省察无疚，表里精粗合道，便是真境界。

**处暑第 15 天**。总之，省察是存养心性的重要途径，只要坚持持久，必能恶念日渐消除而善性日渐显现。明儒王时槐说："吾辈无一刻无习气，但以觉性为主，时时照察之，则习气之面目，亦无一刻不自见得。既能时时刻刻见得习气，则必不为习气所夺。"能够消解一切不良习气，心性存守自然归正，动静语默自然养正。

## （一八）白露存养

白露存养，正当其时。所谓存养，即存心养性。在《孟子注疏·尽心》中孟子说："存其心，养其性，所以事天也。"从存心到养性，再从养性到事天，强调存养心性是要符合天道的。所谓《孟子注疏·离娄》又言："顺天者存，逆天者亡。"存养之法，乃是圣道心法之真传，而前面所有讲述的静坐、正心、持敬、慎独和省察，都可以归结为存养的具体途径。

离卦上九《象传》说："'王用出征'，以正邦也。"王弼注云："处离之极，离道已成，则除其非类以去民害。"所以有"王用出征"以正邦也之说。就个人存心养性而言，就是要除其非类以去心害而正心。明儒蒋信在《桃冈日录》中指出："圣贤之学，全在好恶取舍上用力，随所好恶取舍，此心皆不失其正，便是存养。"是非好恶不失其正者，就是存养功夫。

## 第52候

### 否卦九四《象传》说："有命无咎"，志行也。

**白露第1天。** 否卦九四"有命无咎"，正好用心专一，所以"志行也"。初入存养之道也当如此用心专一，不动心。明儒薛敬之在《思菴野录》中说："凡所作为动心，只是操存之心未笃，笃则心定，外物不能夺，虽有所为，亦不能动。"只有无所用心，方可专注一境；能专注一境，则心不乱而心性得以存养。

**白露第2天。** 为己之学，就是要存心养性。明儒刘文敏说："人为万物之主，心为万物之灵，常存此心，性灵日著，则万物之命自我立矣。"可见，存养是日用实行之工夫，须臾不可离也。

**白露第3天。** 明儒罗钦顺在《困知记》中指出："存养是学者终身事，但知既至与知未至时，意味迥然不同。知未至时存养，非十分用意不可，安排把捉，静定为难，往往久而易厌。知既至时存养，即不须大段着力，从容涵泳之中，生意油然，自有不可遏者，其味深且长矣。"存养"知未至"属于初级阶段，要有为善固执的精神，当用有为法。及至"知既至"的高级阶段，则须遵循从容中道的原则，须行无为法。

**白露第4天。** 因此不同阶段，存养用功也不同。宋儒吕祖谦在《与巩仲至》书信中给出的"持之以厚，守之以默"，其实正好对应着"知未至"要"持之以厚"与"知既至"要"守之以默"这样两段工夫。前者有为，后者无为，有为无为相辅相成，存养之功至，则心存而性养。

**白露第5天。** 宋儒李侗说："近日涵养，必见应事脱然处否？须就事兼体用下工夫，久久纯熟，渐可见浑然气象矣。勉之！勉之！"存养须要在事上磨，平时涵养，无着力处，方能见到浑然气象。

## 第53候
## 否卦九五《象传》说：大人之吉，位正当也。

**白露**第6天。王弼注云："居尊得位，能休否道者也。"此大人能成之吉。因此，存养可以至诚，所以为大人之功。明儒庄昶便说："圣贤之学惟以存心为本，心存故一，一故能通，通则莹然澄彻，广大光明，而群妄自然退听，言动一循乎礼，好恶用舍，各中乎节。"可见存养便是至诚之功，但能存诚便可显性。

**白露**第7天。或者也可以这么说，存心偏向于持敬，保持惺惺不昧之心；养性偏向于慎独，涵养勿忘勿助之性。所以说持敬慎独，就是存养之道。明儒胡居仁说："敬为存养之道，贯彻始终。所谓涵养须用敬，进学则在致知，是未知之前，先须存养此心方能致知。又谓识得此理，以诚敬存之而已，则致知之后，又要存养，方能不失。盖致知之功有时，存养之功不息。"可见存养方式成就圣境的根本之道。

**白露**第8天。所以明儒曹端语录说："学圣希贤，惟在存诚，则五常百行，皆自然无不备也。无欲便觉自在。"能敬然后至诚，便是存养功成之时。惺惺不昧，存养之功。始于壬水（元精，喻指智慧），敬心著矣；终于己土（元神，喻指仁爱），诚性显矣。

**白露**第9天。宋儒李侗在《延平答问》中说："今之学者虽能存养，知有此理，然旦昼之间一有懈焉，遇事应接，举处不觉打发机械，即离间而差矣。唯存养熟，理道明，习气渐尔销铄，道理油然而生，然后可进，亦不易也。"习气消则心性明，心性明澈，存养之境即可至。

**白露**第10天。自在皆自得，乃优游涵养而至。在《二程遗书》中程颢说："学者须是潜心积虑，优游涵养，使之自得。"这里所谓自得是见自己的本原心性，或称存诚，即是识仁。对此，宋儒程颢平时语录指出："学者识得仁体，实有诸己，只要义理栽培。如求经义，皆是栽培之意。"

## 第54候

### 否卦上九《象传》说：否终则倾，何可长也。

**白露第11天。**王弼注云："先倾后通，故'后喜'也。"所谓否极泰来。泰来则无事，正是存养之极则。宋儒杨庭显在《慈湖先训》中说："学者涵养有道，则气味和雅，言语闲静，临事而无事。"存养的终极途径，必也归结到圣道之极则：勿忘勿助！

**白露第12天。**所以明儒方学渐在《心学宗》中说："识仁则见本原，然非一识之后，别无工夫。必勿忘勿助，诚敬存之，则识者永识，实有诸身。不然，此心终夺于物欲，虽一时有识，只为虚见，而不能实有诸身矣。"存心养性的目的就是要识取仁善之性，或称诚性，或称元神，总之就是心性显现。

**白露第13天。**显现心性也常说成是未发气象。明儒聂豹在《与欧阳南野》书信中指出："体得未发气象，便是识取本来面目。敬以持之，常存而不失，到此地位，一些子习气意见着不得，胸次洒然，可以概见，又何待遇事穷理而后然耶？即反覆推究，亦只推究乎此心之存否。"存养心性，彻上彻下，通达天下之大本。

**白露第14天。**所谓栽培，主要在于"持敬涵养"，宋儒程颢说："学者须敬守此心，不可急迫，当栽培深厚，涵泳于其间，然后可以自得。但急迫求之，终是私己，终不足以达道。"所谓"学在知其所有，又在养其所有。若不能存养，只是说话"。可见存养是为根本！

**白露第15天。**宋儒程颐说："闲邪则诚自存，不是外面捉一个诚，将来存养。"又说："存养熟，然后泰然行将去。"需要特别指出，存心养性最高境界是默而识之，不是靠理性思维的穷索所能至。一旦达成存心养性富有成效，就应该"泰然行将去"，践行仁善之道，奉献恺悌之情。

# 第四环节　兑说化道(秋)

兑卦《彖传》说："兑，说也。刚中而柔外，说以利贞，是以顺乎天而应乎人。说以先民，民忘其劳；说以犯难，民忘其死。说之大，民劝矣哉！"兑卦《象传》说："丽泽，兑。君子以朋友讲习。"兑象悦乐，天道人道皆无不如此，所以"是以顺乎天而应乎人"。在《论语注疏·雍也》中孔子指出："智者乐水，仁者乐山。"仁智双运，则无所不乐。民众追求无非快乐幸福生活，悦乐之功，可以使民"忘其劳""忘其死"，所以说："说之大，民劝矣哉！"君子乐其道，故"朋友讲习"，习者，践行生活。朋友责善而习，是为"讲习"。

**兑卦**

《周易·说卦》说："兑以说之"，是因"说万物者，莫说乎泽"。道成惠民之功，非泽之以兑说(悦)不可。兑悦化道之法，但能舍异入同，则自得兑悦。所以《周易·系辞》说："乐天知命，故不忧；安土敦乎仁，故能爱。"当以优良的心理品质，践行幸福美好的生活，乐道惠民无碍。因此，穷理尽性的第四环节，就是要具体通过无为而行之法，以"藏诸用"之智慧达成"显诸仁"之境界，来训练培养人们的"诚明心"，彻证心性。

穷理尽性：卦说节气洗心，语录日用润身

# 一〇、酉　观卦消息

观卦《彖传》说："大观在上，顺而巽，中正以观天下，观。'盥而不荐，有孚颙若'，下观而化也。观天之神道，而四时不忒。圣人以神道设教，而天下服矣！"观卦《象传》说："风行地上，观。先王以省方观民设教。"阴柔仁性已得，及至观象，当"顺而巽"，以中正"仁性""以观天下"，然后风行仁爱。神道者，阴阳不测之道，阳智阴仁合一之道，所以"圣人以神道设教，而天下服矣"！成就王道者，当"观民设教"，感化天下民众。

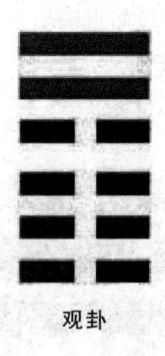

观卦

观象应坤卦六四。此时，阴阳伏位，当显仁性宜为善。坤卦六四爻辞说："括囊，无咎无誉。"坤卦六四《象传》说："'括囊无咎'，慎不害也。"坤卦《文言》说："天地变化，草木蕃，天地闭，贤人隐。《易》曰'括囊无咎无誉'，盖言谨也。"可知"天地变化"，万物自然繁盛，比如"草木蕃"；反之，天地不可闭，贤人不可隐，所以"括囊"方能"无咎"。贤人出世为民，不求名誉回报，故"无誉"。无论是为物还是为民，无非天地感应而已。在《二程遗书》中程颢说："天地之间，只有一个感与应而已，更有甚事？"

观卦消息，对应秋分为善与寒露感应两个节气的修养环节。为善是风行以爱人，感应是体悟神道之则。为善与感应互为表里。明儒万表指出："日用感应，纯乎诚一，莫非性天流行，无拟议，无将迎，融识归真，反情还性，全体皆仁矣。"感应天地之仁，正可以为善利民。

## (一九)秋分为善

明察秋毫,与人为善,布撒恺悌之情,爱心奉献。与人为善当行忠恕之道。什么又是"忠恕"呢？在《论语注疏·卫灵公》中孔子说："其恕乎！己所不欲,勿施于人。"以及在《论语注疏·雍也》中又说："夫仁者,己欲立而立人,己欲达而达人。"简单归纳,所谓忠,就是爱人；所谓恕,就是约己。

兑卦初九《象传》说："'和兑'之'吉',行未疑也。"君子最大的"和兑"之"吉",莫过于与人为善,所以行善不可迟疑。在《孟子注疏·公孙丑》中孟子指出："取诸人以为善,是与人为善者也。故君子莫大乎与人为善。"在《孟子注疏·告子》中,孟子进一步阐述说："乃若其情,则可以为善矣,乃所谓善也。"人们只要是发自内心去与人为善,大脑中会释放催产素,可以带来和乐心情,提高免疫力。

## 第55候

### 观卦初六《象传》说："初六童观"，小人道也。

**秋分第1天**。王弼注云："趣顺而已，无所能为，小人之道也。"若为君子则应力行为善。否则便如宋儒杨庭显在《慈湖先训》中所言："不善之心，则一身不及安，一家不及安。"所以与人为善是做人的基本原则。

**秋分第2天**。明儒徐阶《存斋论学语》说："凡为善，畏人非笑而止者，只是为善之心未诚，若诚，自止不得。且如世间贪财好色之徒，不独不畏非笑，直至冒刑辟而为之，此其故何哉？只为于贪财好色上诚耳。吾辈为善，须有此样心，乃能日进也。"这里鼓励修习者勇于奉献爱心，多多益善，不拘形式！

**秋分第3天**。所以大凡存心养性，必当落实到行善之上，方为了彻，不可将那高明之性，悬空于无着落处。明儒季本在《说理会编》中说："为善则吉，吉者心之安处也。为恶则凶，凶者心之不安处也。"为善然后心性才有着落处，否则悬空高明，何处可以存养心性？！

**秋分第4天**。陆九渊在《陆九渊集》中说："作德便心逸日休，作伪便心劳日拙，作善便降之百祥，作不善便降之百殃。"为善者则自己常得福，为利者则自己常得祸，为什么呢？因为常为善者心安，所以为福；常为利者心劳，所以为祸。切记，奉献爱的行动，乃是生活真正意义之所在。人们感到空虚、无聊、孤独等，就是因为自私自利，违背了奉献之仁爱精神。

**秋分第5天**。面对趋名逐利的社会，当时时警醒自己不以名利戕害仁心，以便可以维持此心。明儒夏朴先生云："世人只知有利，语及仁义，必将讥笑，以为迂阔。殊不知利中即有害，惟仁义则不求利，自无不利。"修心修仁心也，倘如名利上超脱过不去，焉能修成正果！

## 第56候
## 观卦六二《象传》说："窥观，女贞"，亦可丑也。

**秋分第6天**。王弼注云："不能大观广鉴，窥观而已，诚'可丑'也。"为善当大其心，以天下为己任，仁爱天下。明儒周汝登《九解》之二说："故圣人教人以为善而去恶，其治天下也，必赏善而罚恶。"为善不可有小我之心，否则便"亦可丑也"，全无真心。

**秋分第7天**。当然为善当出自真心，否则即便行善了也是自欺。宋儒朱熹说："人固有终身为善而自欺者。不特外面有，心中欲为善，而常有个不肯底意思，便是自欺也。须是打叠得尽。盖意诚而后心正，过得这一关后，方可进。"有人行善只是贪图美名，便不是出自真心。所谓"善为人知，不是真善"。

**秋分第8天**。宋儒张九成在《横浦心传》中说："为善而好名，乃是大患。若能涵养，消除其好名之心，方是为善耳。"行善切忌有好名喜功之心。平时里，吃饭睡觉，可有名利心？为善就如吃饭睡觉，日常平凡之事，不必求图报。

**秋分第9天**。关于这一条，明儒杨爵说得更为明白："作一好事，必要向人称述，使人知之，此心不定也。不知所作好事，乃吾分所当为，虽事皆中理，才能免于过恶耳，岂可自以为美。才以为美，便是矜心，禹之不矜不伐，颜渊无伐善，无施劳，此圣贤切己之学也。"行善只是切己而为，非沽名钓誉，此理明也。

**秋分第10天**。还有，要以本善之性去行善，不可以利欲去劝善，诸如好人好报、以其无私耶故能成其私之类，皆出自私心，非真善之性所致，必当会越劝越恶。宋儒邹浩说："以爱己之心爱人，则仁不可胜用。以恶人之心恶己，则义不可胜用矣。"行善便是不求回报的爱，期待好报便入私意。

## 第57候
## 观卦六三《象传》说："观我生进退"，未失道也。

  **秋分第11天**。王弼注云："处进退之时，以观进退之几，'未失道'也。"宋儒张九成在《横浦日新》中指出："君子为善，期于无愧而已，非可责报于天也。苟有一毫觊望之心，则所存已不正矣，虽善犹利也。"所谓"几"者，动之微，所以说"苟有一毫觊望之心，则所存已不正矣"，君子为善不可失道。

  **秋分第12天**。人们行善之所以会有好名之心，或企盼他人的感恩，全部出自利害计较之心。程颐在《二程遗书》中说："只那计较，便是为有利害。若无利害，何用计较？利害者，天下之常情也。人皆知趋利而避害，圣人则更不论利害，惟看义当为与不当为，便是命在其中也。"圣人唯看义，着眼在整体社会之利害，而不计较个人之得失，所谓至公是也。所以与人为善，浩然之气生，岂有私利之容处！

  **秋分第13天**。宋儒舒璘在《答赵公夫》书信中说："纯一是心，乃克主善，善为吾主，动静皆应，虽酬酢万事，罔有他适，则向之所谓杂者，自无所容立矣。不然，虽外境若相宜，而失己殊甚，欲其日新，难矣！"心主为善之念，能克胜百千杂念。

  **秋分第14天**。宋儒范浚在《舜跖图说》中说："善利之念起于心者，其始甚微；而其得失之相去也，若九地之下与重天之颠。虽舜也，一罔念而狂；虽跖也，一克念而圣。于危微之际得之。"所以在日常生活中，若能坚持少私寡欲，名利之心就会日见消损；若能坚持抑恶扬善，为善之心便可日渐显现！

  **秋分第15天**。明儒周汝登在《海门九解》中说："无作好无作恶之心，是秉彝之良，是直道而行。着善着恶，便作好作恶，非直矣。"每个人都可以从小事做起，财富只是追求幸福生活的手段和基础，并不是目标；心安理得才是幸福长寿的根本。故君子爱财，取之有道；仁爱奉献才是人生幸福生活的源泉。

## (二〇)寒露感应

寒露晶莹,诚意感应,触类旁通。咸卦《象传》说:"天地感而万物化生,圣人感人心而天下和平;观其所感,而天地万物之情可见矣!"此处之"感",便是意识体验作用。因此所谓感应者,通达精神心性之诚者。可见感应在体悟天道中意义重大。

兑卦九二《象传》说:"'孚兑'之'吉',信志也。"王弼注云:"说不失中,有孚者也。"说者,悦也;中者,诚意;孚者,内心有信者,所以说"信志也"。明儒钱德洪在《会语》中说:"人心感应,无时不有,而无一时之住,其有住则即为太虚之障矣。故忿懥、好乐、恐惧、忧患一着于有心,即不得其正矣。故正心之功不在他求,只在诚意之中,体当本体明彻,止于至善而已矣。"诚意于中,孚信不离,则感必为心正之应。

## 第58候
## 观卦六四《象传》说:"观国之光",尚宾也。

**寒露第1天。** 王弼注云:"居观之时,最近至尊,'观国之光'者也。"所以尚王宾之尊。就治心而言,王宾可喻心性之妙。为学养心感应,惟由直观,不可以机用之心求之。明儒王时槐在《塘南语录》中说:"念念归根谓之格物,念念外驰谓之逐物。"有如"观国之光"之观王宾,只需向内把定归根心性,不必向外乱念逐物,是为无求者得之。

**寒露第2天。** 关于心性感应之妙,默而识之,非言说可通,也非思辨可得。明儒聂豹《困辨录·辨中》说:"感应神化,才涉思议,便是憧憧。如憧憧,则入于私意,其去未发之中,何啻千里!"一个感应,妙!秒杀天下一切嚼舌头根之人!又来一个神化,妙!秒杀天下一切动心思辨之人!

**寒露第3天。** 明儒湛甘泉在《答徐曰仁》书信中说:"学者之病,全在三截两截,不成片段,静坐时自静坐,读书时又自读书,酬应时又自酬应,如人身血气不通,安得长进?元来只是敬上理会未透,故未有得力处,又或以内外为二而离之。吾人切要,只于执事敬用功,自独处以至读书酬应,无非此意,一以贯之,内外上下,莫非此理,更有何事?"唯有打成一片,厚积薄发,喷薄涌现,方是感应一路。

**寒露第4天。** 明儒刘宗周有《语录》说:"道本无一物可言,若有一物可言,便是碍膺之物;学本无一事可着,才有一事可着,便是贼心之事。如学仁便非仁,学义便非义,学中便非中,学静便非静,止有诚敬一门,颇无破绽。然认定诚敬,执著不化,则其为不诚不敬也,亦已多矣。夫道即其人而已矣,学如其心而已矣!"至道虚灵,不着一物一事,唯神敬可以感应。

**寒露第5天。** 明儒王阳明在《与黄宗贤》书信中说:"吾辈通患,正如池面浮萍,随开随蔽。未论江海,但在活水,浮萍即不能蔽。何者?活水有源,池水无源,有源者由己,无源者从物,故凡不息者有源,作辍者皆无源故耳。"中通感应者,说着一物即不是。

## 第 59 候
观卦九五《象传》说:"观我生",观民也。

**寒露**第 6 天。王弼注云:"上为观主,将欲自观乃观民也。"明儒刘文敏在《论学要语》中说:"人之心,天之一也,俯仰两间,左右民物,其感应之形着,因时顺变,以行其典礼者,虽千变万化,不可穷诘,孰非吾之一之所运耶?"自观即观民,感应万变不离其宗,心性不二,不二心性。所以但自观其道,感应天地万物之情可见。

**寒露**第 7 天。明儒尤时熙在《西川拟学小记》中说:"人只要做有用的人,不肯做没用的人,有些聪明伎俩,便要尽情发露,不肯与造物存留些少。生机太过,由造物乎?由人事乎?今只要做得起个没用的人,便是学问。"感应之要,须将心地养得宽阔空灵,不着一点私意,方有出脱时。

**寒露**第 8 天。人心感应,随时待发,但心不能有住。宋儒舒广平(舒璘)说:"人之良心,本自明白,特患无所感发。一朝省悟,邪念释除,志虑所关,莫非至善。"良心唯在感应之间发现。

**寒露**第 9 天。明儒庄昶在《语要》中指出:"圣人之道贵无言,而不贵有言。言则影响形迹,而无言则真静圆融,若愤也而真见,若冥也而真趣,若虚寂也而真乐。彼以天得,而此以天与,极其自得之真,而出乎意象之外,是以圣人不贵有言。"因此,那些寄希望通过纯粹的语言交流,感应天道,是不可能的。若要真达感应之境,非用心体悟不可。

**寒露**第 10 天。如何用心?明儒邹德溥著有《四山论学》说:"君子只凭最初一念,自中天则;若就中又起一念,搬弄伎俩,即无破绽,终与大道不符。"不用心处用心,是真用心,感应者,无求者得之。

## 第60候
## 观卦上九《象传》说:"观其生",志未平也。

**寒露第11天**。王弼注云:"将处异地,为众所观,不为平易,和光流通,'志未平'也。"明儒冯从吾有《语录》说:"学问之道,全要在本原处透彻,未发处得力,则发皆中节,取之左右,自逢其原,诸凡事为,自是停当;不然,纵事事检点,终有不凑泊处。"讲述的就是本原上通明,则无处不通明之理,自然和光同尘,平易处事。

**寒露第12天**。世人不知,原来知性知天,需要自己"默而识之"的。明儒程颢指出:"性与天道,非自得之则不知,故曰'不可得而闻'。大抵学不言而自得者,乃自得也;有安排布置者,皆非自得也。"一句话就是:"元来只此是道,要在人默而识之也。"

**寒露第13天**。说到底,感应之境其实得来也容易,只在虚明转灵之几。明儒王畿在《水西别言》书信中说:"千古圣学,只从一念灵明识取。当下保此一念灵明便是学,以此触发感应便是教。随事不昧此一念灵明,谓之格物;不欺此一念灵明,谓之诚意;一念廓然,无有一毫固必之私,谓之正心。此是易简直截根源。"修养者是否明白个中道理?

**寒露第14天**。最后则要到达无我之境。对此,张载在《张子正蒙》神化篇中说:"无我而后大,大成性而后圣,圣位天德不可致知谓神。故神也者,圣而不可知。"因为"神化者,天之良能,非人能。故大而位天德,然后能穷神知化"。穷神知化,自然可以物来顺应,和光同尘。

**寒露第15天**。感应之效,便成大人之象。明儒刘文敏在《两峰论学要语》中说:"大丈夫进可以仕,退可以藏,常绰绰有余裕,则此身常大常贵,而天下之物不足以尚之。不然,则物大我小,小大之相形,而攻取怨尤之念多矣。"进退自如,不为物累,此即大人之象。

## 一一、戊　剥卦消息

剥卦《彖传》说："剥,剥也,柔变刚也。'不利有攸往',小人长也。顺而止之,观象也。君子尚消息盈虚,天行也。"剥卦《象传》说："山附于地,剥。上以厚下安宅。"剥卦,内顺外止,所以得心性之象,所谓"顺而止之,观象也"。天道变化,消息盈虚之几,便是天机流行之时,所以说"君子尚消息盈虚,天行也"。

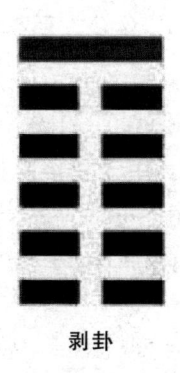

**剥卦**

剥象应坤卦六五。坤卦六五爻辞说："黄裳,元吉。"坤卦六五《象传》说："'黄裳元吉',文在中也。"坤卦《文言》说："君子黄中通理,正位居体,美在其中,而畅于四支,发于事业,美之至也。"黄中通理,即是心性正位辉光之象,所以"美在其中,而畅于四支,发于事业,美之至也"。好一个"美之至也",金情木性交相辉映。

剥卦消息,对应霜降尽性与立冬知命两个节气的修养环节。知命者,知金情之智;尽性者,尽木性之仁;两者相辅相成,正是仁智双运之果。格物可以致知,然致知之终,便止于天命。《周易·说卦》说："穷理尽性以至于命。"明儒薛瑄有《读书录》说："知至至之,穷理也,知终终之,尽性以至于命也。"可见尽性知命便是治心修养之终极。

穷理尽性：卦说节气洗心，语录日用润身

## （二一）霜降尽性

　　霜降来临，化功归性，便是至诚尽性为了当。子思在《礼记正义·中庸》中说："唯天下至诚，为能尽其性。能尽其性，则能尽人之性。能尽人之性，则能尽物之性。能尽物之性，则可以赞天地之化育。可以赞天地之化育，则可以与天地参矣。"所谓至诚，便是成己（仁）与成物（智），仁为本体，智为作用，体用合一，乃合内外之道，至诚尽性就是达成仁智双修之境。而这一切均源自返身自成之道。

　　兑卦六三《象传》说："'来兑'之'凶'。位不当也。"王弼注云："非正而求说，邪佞者也。"所以子思在《礼记正义·中庸》中说："诚身有道，不明乎善，不诚乎身矣。"在《孟子注疏·尽心》中孟子接着说："万物皆备于我矣。反身而诚，乐莫大焉。强恕而行，求仁莫近焉。"所至之诚，明乎善；所尽之性，求其仁；如此方为正道者，否则皆"邪佞者也"。

## 第61候
**剥卦初六《象传》说:"剥床以足",以灭下也。**

**霜降第1天。** 王弼注云:"剥床之足,灭下之道也。"下道始灭,所以贞凶。张载在《张子正蒙》中说:"圣人尽性,不以见闻梏其心,其视天下,无一物非我。"须知"足"亦是一物,不可剥也,所谓万物皆备于我。

**霜降第2天。** 何为尽性?穷尽天下之物以化归于心性。所以宋儒程颐说:"心即性也。在天为命,在人为性,论其所主为心,其实只是一个道。苟能通之以道,又岂有限量?天下更无性外之物。"至诚能容天下之物,便是尽性之时,所以说至诚能尽人之性、能尽物之性。

**霜降第3天。** 但能体会至诚之心,便是显性之时。明儒方学渐在《心学宗》中说:"心外无性,心外无天,一时尽心,则一时见性天;一事尽心,则一事见性天;无时无处不尽心,则无时无处不见性天。存之养之,常尽心而已矣。夭寿修身,纯于尽心而已矣。此孔门之心法也。"至诚显性,人人可达。

**霜降第4天。** 那么又如何尽性呢?明儒王襞说:"学者自学而已,吾性分之外,无容学者也。万物皆备于我,而仁义礼智之性,果有外乎?率性而自知自能,天下之能事毕矣。"唯有无内外,乃是真达"万物皆备于我"之境。

**霜降第5天。** 尽性之境是何等状态?简单说就是内外明彻,动静无间,打成一片。《二程遗书》说:"圣人之心,未尝有在,亦无不在,盖其道合内外,体万物。"何为合内外之道?外者,成物之智,核心乃是觉知意识;内者,成己之仁,核心乃是感受意识;两者相合,便是心性显现,唯靠悟识意识。

## 第62候

### 剥卦六二《象传》说："剥床以辨"，未有与也。

**霜降第6天。** 王弼注云："剥道浸长，故'剥'其辨也。"至诚尽性非谋辨思虑所能达，关键是要默而识之。明儒王襞有《东崖语录》说："非言语之能述，非思虑之能及，故曰'默识'。"确实，大凡修养治心，止于闻见思虑难以有真得。真正有得者，唯有通过默识心通，体悟至诚之理而尽性。

**霜降第7天。** 所以尽性在于体会，不在智识。《二程集》说："体会必以心。谓体会非心，于是有心小性大之说。圣人之心，与天为一。或者滞心于智识之间，故自见其小耳。"智识对于致知穷理固然重要，但就尽性而言，那种瞬间的、超越逻辑的体会感应更为难能可贵，能够持续保任这种感应能力的就是秘密认知。天命流行，正是此理此心，默而识之，持久保任，便可随处随时充足。

**霜降第8天。** 发明心地，心性发现在于觉悟，即不是单纯的感受体验（乃为精神投射而就），也不是单纯的思虑脑智（可还原于物质运作机制）所能达成，而是两者的叠加悟识意识。《二程集》说："今之智思，因神以发。智短思蔽，神不会也。会神必有道。"脑智与体验两者相因纠缠，神发即道也；两者相离则昏。只此便是洗心显性之要。《易传》所言"藏诸用"，便是洗心秘法。修养者想知道其中秘密吗？去，没你用心处！

**霜降第9天。** 无为之心是道心，就是不掺杂任何人为的私心；一旦有了人为的私心，不管这种私心多么"高尚"，都是功利之心。许多人修行之所以难成正果，只是因为其修行纯然是一片功利之心，与圣心相去甚远。宋儒程颐说："学莫贵于自得，非在外也，故曰自得。"如何向内自得？全靠秘密认知的悟识意识！

**霜降第10天。** 归根到底，要想尽性体道，就是要清心明理以至于心中不存一物欲、不生一妄念、不着一私事。如此，到达的活泼境界，便如明儒聂豹所讲的："鸢飞鱼跃，浑是率性，全无一毫意必。"所谓任运自在、随心所欲而不越矩！

### 第63候
### 剥卦六三《象传》说："剥之无咎"，失上下也。

**霜降第11天**。孔颖达正义曰："上下群阴皆悉剥阳也，己独能违失上下之情而往应之，所以'无咎'也。"明儒邹元标在《龙华会记》中说："尽者了无一物，浑然太虚之谓，心性亦是强名。"此即为尽性。到达尽性之时，一方面是"虚"之体，另一方面则又是"动"之用，体用合一，便是所尽之性。

**霜降第12天**。明儒王襞在《东崖语录》中说："大凡学者用处皆是，而见处又有未融，及至见处似是，而用处又若不及，何也？皆坐见之为病也。定与勘破，窃以舜之事亲、孔之曲当，一皆出于自心之妙用耳。与饥来吃饭，倦来眠，同一妙用也。"所谓日用是道，生活率性，循天命而已。

**霜降第13天**。明儒耿定向在《天台论学语》中说："不作好，不作恶，平平荡荡，触目皆是，此吾人原来本体，与百姓日用同然者也。"因此，除情显性的目的就是要超越"作好作恶"，从而达成"日用之道"之恬淡心境，而这一切均源自返身"本体"的自成之道。

**霜降第14天**。明儒湛若水指出："道无内外，内外一道也；心无动静，动静一心也。故知动静之皆心，则内外一。内外一，又何往而非道？合内外，混动静，则澄然无事，而后能止。"总之，对于无内外之"道"的证悟，只能通过心的自明性能力来把握。所谓尽性者，天命之谓，自然所赋予。

**霜降第15天**。从根本上讲，终极之心，一般称心性，也是仁性。可见仁便是所尽之"心"，然后可以知其即为"性"。是故，体认至仁，方能知其性。宋儒程颐在《好学论》强调："知其性，反而诚之，圣人也。"圣人，合内外之道者，所以仁性无时不显现。

## (二二)立冬知命

立冬无忧,乐天知命。在《论语注疏·雍也》中孔子说:"不知命,无以为君子。"在《孟子注疏·尽心》中孟子说:"尽其心者,知其性也。知其性,则知天矣。"从尽心到知性,再从知性到知天,反身而归于天命。从尽心、知性到知天,所谓性天一如。何为知命?知止是穷理,而穷理到了终致,古人称为尽性,然后可以至命,到达此处方是知命。知命才是健康快乐生活的保障,所以有乐天知命之说!

兑卦九四《象传》说:"'九四'之'喜',有庆也。"王弼注云:"处于几近,闲邪介疾,宜其有喜也。"闲邪可以存诚心安,介疾便能去病身健,此为知命之征,所以"有庆也"。在《论语注疏·雍也》中孔子说:"知者乐,仁者寿。"仁智双运带给我们的结果就是健康快乐的人生。所以知命和乐其心,不仅是洗心润身的途径,也是洗心润身要达成的目标。

## 第64候

### 剥卦六四《象传》说:"剥床以肤",切近灾也。

**立冬第1天**。孔颖达正义说:"剥床已尽,乃至人之肤体,物皆失身,所以凶也。"危及生命,所谓"切近灾也",不可不防。明儒邹守益在《东廓语录》中说:"古人以心体得失为吉凶,今人以外物得失为吉凶。作德日休,作伪日拙,方见影响不爽。奉身之物,事事整饰,而自家身心,先就破荡,不祥莫大焉。"心性身命,最当珍惜!

**立冬第2天**。如果一定立个终极目标,那么学圣之道就是要知天命。所以,宋儒陆九龄在《与刘淳叟》书信中指出:"不知命无以为君子,此意不可不先讲习。习到临利害得失无忧惧心,平时胸中泰然无计较心,则真知命矣。"真知命,然后才能够尽终其天年,健康益寿乃度百岁;真至命,然后才能尽任其天真,幸福自在伴一生。

**立冬第3天**。外事不动于心,向内明己诸心,推极顺道,敦信天命,便是尽性知命之法。宋儒舒广平(舒璘)在《与黄子耕》书信中认为:"穷达外境,无累厥心。"天道流行,万象由心,随顺而推,廓然大公,自然安信,然后得性情调和之境。否则,心量狭隘,烦恼就多,性情就差了。

**立冬第4天**。宋儒邹浩指出:"达于命者,不以得失为休戚。"名利乃身外之物,不能放下计较,顺乎自然,何以了达于命!立定脚跟,凡事宽和处之,便心无累而活;营营思虑,心忙不定,则心性障蔽。只有喜怒哀乐皆中节,可以了达天命。所以,顺从天命,自然清心养神,然后性情便可得以调和。

**立冬第5天**。明儒王畿说:"见在一念,无将迎、无住着,天机常活,便是了当千百年事业,更无剩欠。"物来顺应,无将迎,才能成为自己的主人。只有"放下"(let it be)才能获得自在(being),就是顺从心性之流(go with the flow)。"无为"不是不为(do nothing),而是顺从心流,所谓率性而为,快乐便在其中。

### 第65候

### 剥卦六五《象传》说："以宫人宠"，终无尤也。

**立冬第6天**。王弼注云："'剥'之为害，小人得宠，以消君子者也。"若宠限于宫中，则"终无尤也"。就治心而言，"小人"喻私欲之心，"君子"喻喜乐之心。乐学则自然能除私欲而得喜乐。明儒曹端则说："学到不怨不尤处，胸中多少洒落明莹，真如光风霁月，无一点私累。"不怨天，不尤人，心中多少自在。

**立冬第7天**。因此，达知天命，就是要让心性成就无将迎、无内外、无得失之境界，所谓临危不惧、处困不变、受辱不怒。《二程集》说："人莫不知命之不可迁也，临患难而能不惧，处贫贱而能不变，视富贵而能不慕者，吾未见其人也。"心性达此境界，方为之命，可见知天至命之难！

**立冬第8天**。《二程集》说："心活则周流无穷，而不滞于一隅。"心活则乐，乐则和中，未发之气象油然而生也。《二程遗书》说："涵养着落处，养心便到清明高远。天下之悦不可极，惟朋友讲习，虽过悦无害。兑泽有相滋益处。"随顺天机，无所不乐，便是"常处心悦"的最高境界。

**立冬第9天**。我们总习惯性地想要身边的人能够成为我们心里期待的那个样子，我们总是期望能够把控一切，包括自然，其实这就是心累的根源！宋儒陆九渊说："内无所累，外无所累，自然自在，才有一些子意便沉重了。彻骨彻髓，见得超然，于一身自然轻清，自然灵。"是的，外境通达，大其心则和乐。和乐则心活而无累，心活无累，则自在。

**立冬第10天**。那么如何获得本自活泼的天性呢？明儒潘士藻则说："喜怒哀乐，纯是天机流行，不着己，不着人，便是达天德。"只要心在安稳处，无所往而不寂者，便是天机流行，自成圣贤之气象。可见，自在活泼，便是证得圣贤天性。无所系缚之心，鸢飞鱼跃，任情自在，便得自在之性，即所谓天命之性。

## 第66候
### 剥卦上九《象传》说："君子得舆"，民所载也。
### "小人剥庐"，终不可用也。

**立冬第11天**。王弼注云："君子居之，则为民覆荫；小人用之，则剥下所庇也。"知命君子，当劳民相助，与民同乐。明儒冯从吾在《疑思录》中说："仲尼、颜子之乐，乃所以乐道，非悬空去别有个乐也。"非悬空找乐，而是要落实到具体事业中去，成为乐易君子，为民播撒恺悌情。

**立冬第12天**。何谓圣人？知天命者，所谓"至于命"者。宋儒程颐在《好学论》中指出："圣人与理为一，故无过不及，中而已矣。其它皆是以心处这个道理，故贤者常失之过，不肖者常失之不及。"圣人处世，无过无不及，所以不仅能"乐天知命而不忧"，而且能"道济天下而不过"。

**立冬第13天**。周敦颐在《周子通书》中说："乐者，本乎政也。政善民安，则天下之心和，故圣人作乐以宣畅其和心，达于天地，天地之气感而大和焉。天地和则万物顺，故神祇格，鸟兽驯。"说得好！关键是为民要无功利心。何以故？乐者，平心宣化以致中和者，故万物和则各得其所。

**立冬第14天**。明儒邹元标在《南皋会语》中说："善处身者，必善处世；不善处世，贼身者也。善处世者，必严修身，不严修身，媚世者也。"知命自然善于处身，但对于君子而言，还要推及于世，善于处世，否则声称所谓尽性知命，不过自欺欺人罢了。

**立冬第15天**。周敦颐在《周子通书》中特别强调指出："圣人之道，入乎耳，存乎心，蕴之为德行，行之为事业。彼以文辞而已者，陋矣！"圣人之道，穷理尽性以至于命。但是如果仅仅停留在文字之上，那是毫无意义的。知命的根本是要"为生民立命"，因此要去"蕴之为德行，行之为事业"。

## 一二、亥　坤卦消息

坤卦《象传》说："至哉坤元！万物资生，乃顺承天。坤厚载物，德合无疆；含弘光大，品物咸亨。牝马地类，行地无疆；柔顺利贞，君子攸行。先迷失道，后顺得常。西南得朋，乃与类行；东北丧朋，乃终有庆。安贞之吉，应地无疆。"坤卦《象传》说："地势坤；君子以厚德载物。"此处"乃顺承天"，指坤仁与乾智不相分离，方能"万物资生"。坤仁厚德，能载万物，君子效法之，也当"厚德载物"以化坤道。

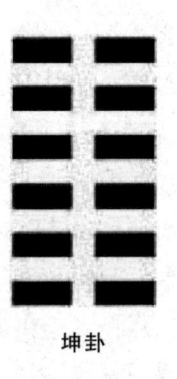

坤卦

坤象心性修炼大成，所谓"用六永贞，以大终也"。坤卦上六爻辞说："战龙于野，其血玄黄。"坤卦上六《象传》说："'战龙于野'，其道穷也。"坤卦《文言》说："阴疑于阳必战，为其嫌于无阳也，故称龙焉。犹未离其类也，故称'血'焉。夫玄黄者，天地之杂也，天玄而地黄。"此处"战龙于野"，金情与木性交并之象。天玄地黄，乃指天地相杂，象征乾坤交合成道通达之义。

坤卦消息，对应小雪集义与大雪淑世两个节气的修养环节。淑世的前提是集义凝道，明儒钱一本在《龟记》中指出："必有事焉而勿正心，心事无两，不于事外正心，不于心外有事，心事打成一片，此所以为集义。"集义凝道然后可以淑世为民。集义不仅自己养浩然之气，而且可以安民安天下。

## (二三)小雪集义

小雪考验，自当集义凝道为期许。在《孟子注疏·公孙丑》中公孙丑问："敢问何谓浩然之气？"孟子答道："难言也。其为气也，至大至刚，以直养而无害，则塞于天地之间。其为气也，配义与道。无是，馁也。是集义所生者，非义袭而取之也。行有不慊于心，则馁矣。"集义养正，养成浩然之气方能"配义与道"，所以凝道。

兑卦九五《象传》说："'孚于剥'，位正当也。"孔颖达正义说："以正当之位，宜任君子，而信小人，故以当位责之也。"如何责之？集义养浩然之气，方能复君子之正。所以宋儒张载说："博文以集义，集义以正经，正经然后一以贯天下之道。"当然，集义养正，要行修齐治平之事，方为圣学之道。

## 第67候
### 坤卦初六《象传》说:"履霜坚冰",阴始凝也;
### 驯致其道,至坚冰也。

**小雪第1天**。坤卦《文言》说:"至柔而动也刚,至静而德方,后得主而有常,含万物而化光。"坤德之方求其义而已。宋儒张载在《正蒙》中说:"爱人以德,喻于义者常多,故罕及于利。"所以唯有集义养正,方能"含万物而化光"。

**小雪第2天**。明儒刘宗周在《会语》中记载说:"学者养心之法,必先养气,养气之功,莫如集义。自今以往,只事事求慊于心,凡闲勾当、闲话说,概与截断,归并一路,游思杂念,何处可容?"集义然后可以养成浩然之气,而"只事事求慊于心"。自然不失为一种集义的途径。

**小雪第3天**。何为集义?明儒湛甘泉在《答问集义》中说:"集者,如虚集之集,能主敬,则众善归焉。勿忘勿助,敬之谓也,故曰:'敬者德之聚也。'此即精一工夫。若寻常所谓集者,乃于事事上集,无乃义袭耶?此内外之辨也。然能主敬,则事事无不在矣。今更无别法,只于勿忘勿助之间调停为紧要耳。"所谓敬爱不二,敬德于事,便是集义。

**小雪第4天**。明儒杨应诏说:"今之学者,不能实意以集义为事,乃欲悬空去做一个勿忘勿助;不能实意致中和,戒惧乎不睹不闻,乃欲悬空去看一个未发气象;不能实意学孔、颜之学,乃欲悬空去寻孔、颜之乐处。外面求讨个滋味快乐来受用,何异却行而求前者乎?兹所谓舛也。"当为修习圣道者警醒!

**小雪第5天**。明儒王艮在《答刘子中》中说:"只当在简易慎独上用功,当行而行,当止而止,此是集义。又何遇境动摇、闲思妄念之有哉?若只要遇境不动摇,无闲思妄念,此便是告子先我不动心,不知集义者也。毫厘之差,不可不辨。"集义的最高境界的不动心,不为外诱所惑。但物来顺应,不为所缚,能心转物,不为物转,方是真正不动心者。

**第 68 候**

**坤卦六二《象传》说：六二之动，直以方也。**

**不习无不利，地道光也。**

小雪第 6 天。坤卦《文言》说："直其正也，方其义也。君子敬以直内，义以方外，敬义立而德不孤。"故有人问："'必有事焉'，当用敬否？"宋儒程颐答道："敬只是涵养一事，'必有事焉'须当集义。只知用敬，不知集义，却是都无事也。"圣学内圣外王，当内敬外义，缺一不可。

小雪第 7 天。明儒王文辕语录："数年切磋，只得立志辨义利。若于此未有得力处，却是平日所讲尽成虚话，平日所见皆非实得。"集义养正，乱念私意自然消融。修心之功做得彻底，内敬外义，方能有得力处。关键是要去除应物有我之私心，方能养成浩然之气。

小雪第 8 天。夏尚朴有《夏东岩文集》说："义由中出，犹快刀利斧劈将去，使事事合宜，是集义；若务矫饰徇外，即是义袭。"义者，宜也。唯有每事都能做到合宜，方是集义的功夫；而不是伪装造作以为掩饰，一切都是偶然。所以唯有"内敬外义"，此义是由衷而出，方为集义之道。

小雪第 9 天。有问："敬义何别？"宋儒程颐便说："敬只是持己之道，义便知有是有非。顺理而行，是为义也。若只守一个敬，不知集义，却是都无事也。"又问："义只在事上，如何？"程颐答道："内外一理，岂特事上求合义也。'敬以直内，义以方外'，合内外之道也。"内敬外义，即为合道。

小雪第 10 天。明儒王文辕在《答伦彦式》中说："动静皆有事焉，是之谓集义。集义故能无只悔，所谓动亦定、静亦定者也。"能够动静皆定，则性定。性定者，无内外、无将迎、无人我，必将能够"物来顺应，廓然大公"，此为真能集义者。

## 第69候

**坤卦六三《象传》说:"含章可贞",以时发也。"或从王事",知光大也。**

**小雪第 11 天。**坤卦《文言》说:"阴虽有美,含之以从王事,弗敢成也。"王弼注云:"知虑光大,故不擅其美。""含章可贞"指内在仁性可贞,却又不自美,故愈显其顺乎天理流行。明儒宋仪望在《阳明先生从祀或问》中说:"言集义,则此心天理充满,而仁体全矣。"循天理而心中无私智,自然仁性充满于心,浩然与天地同流。

**小雪第 12 天。**明儒杨爵在《漫录》中指出:"孟子之集义养气,扩充四端,求放心,存心养性以事天,则亦颜子克己复礼之学也。"克己复礼之谓仁,集义养气自然扩充之仁之四端,此正是孟子所言"求其放心"然后"存心养性以事天"的事业。所以集义之事也是大大的事业。

**小雪第 13 天。**明儒尤时熙在《拟学小记》中说:"集义之集,从隹从木,《说文》'鸟止木上曰集'。心之所宜曰义。集义云者,谓集在义上,犹言即乎人心之安也。君子之学,乐则行之,忧则违之,即乎此心之安而已。"集义心安是合宜而安,凡事合义,顺理则心安,然后自有快乐。

**小雪第 14 天。**明儒吕怀在《复王损斋》书信中指出:"窃见古来圣贤,求仁集义,戒惧慎独,格致诚正,千言万语,除却变化气质,更无别勾当也。"集义求仁,可以变化气质。气质归于仁善,自然充实良知良能,正是正心诚意之旨。所以,圣学治心功法,都可以归结到集义求仁上来。

**小雪第 15 天。**明儒刘宗周在《会语》中说:"《大学》所谓格物,《孟子》所谓集义,一事也不放过,一时也不放松,无事时惺惺不寐,有事时一真自如,不动些子。"所谓常处惺惺不寐、一真自如、从容不迫之境,则愉悦健康生活,自然不期而至。

## (二四)大雪淑世

世间大雪,君子理应淑世化道为己任。只有成为凯弟君子(凯弟,也作岂弟、恺悌,岂者,乐也;弟者,易也),才可以成就至德之仁。在《礼记正义·表记》中,孔子言:"君子之所谓仁者,其难乎?《诗》云:'凯弟君子,民之父母。'凯以强教之,弟以说安之。"在《论语注疏·阳货》中孔子对此有明确的说明,孔子说:"君子学道则爱人;小人学道则易使也。"圣学不同于佛道两家之处,就在于有道圣贤必将以淑世爱人、化导民众健康幸福生活为己任。

兑卦上六《象传》说:"'上六,引兑',未光也。"王弼注云:"故必见引,然后乃说也。"在《孟子注疏·梁惠王》中孟子对齐宣王说:"为民上而不与民同乐者,亦非也。乐民之乐者,民亦乐其乐。忧民之忧者,民亦忧其忧。"所以圣人君子,均当与民休戚与共。

## 第70候
## 坤卦六四《象传》说:"括囊无咎",慎不害也。

**大雪第1天**。王弼注云:"施慎则可,非泰之道。"处此以阴居阴之位,贤人当隐。所以坤卦《文言》说:"天地变化,草木蕃,天地闭,贤人隐。"君子处此,当怀淑世之心,以待时机。宋儒石介在《徂徕文集》中说得好:"道大坏,由一人存之。天下国家大乱,由一人扶之。"成道君子,应有如此担当。

**大雪第2天**。明儒庄昶指出:"天之生圣贤,将为世道计也。或裁成以制其过,或辅相以补其不足。孔子之于《六经》,朱子之于传注,唤醒聋瞆,所以引其不及者至矣。今世降风移,学者执于见闻,入耳出口,至于没溺而沦胥之者,非制其过可乎?"所以,学圣之学者,必将有继圣之心,怀恺悌之情。

**大雪第3天**。所谓凯弟君子,乐易化导以安民众,仁在其中也。所以君子行此仁道关键在"修己以敬",然后进一步可以安人、安百姓。宋儒陈瑾说:"学者非独为己而已也,将以为人也。"为人为百姓谋,正是学者任重道远之事业。

**大雪第4天**。仁爱是一种宁静的、没有任何对象的博爱。因此,要使精神得到升华,就是要回归到这种宁静的仁爱境界,体验自在之境的至乐天性。《二程遗书》说:"'大而化之',只是谓理与己一。其未化者,如人操尺度量物,用之尚不免有差;若至于化者,则己便是尺度,尺度便是己。"

**大雪第5天**。君子养民教民,自当极尽其心。明儒刘文敏说:"圣人养民教民,无一事不至,非为人也,自尽其心,自满其量,不忍小视其身也。"要知道,人类社会是一个相互关联的整体,因此对人类社会的关爱之心,就是体现了人类生命的意义,那种根植于宇宙深处的精神本性,也是生命最高境界的表现形式,至诚至善的仁爱。

## 第71候
## 坤卦六五《象传》说："黄裳元吉"，文在中也。

**大雪第 6 天**。坤卦《文言》说："君子黄中通理，正位居体，美在其中，而畅于四支，发于事业，美之至也！"明儒邹守益在《东廓语录》中说："知太极本无极，则识天道之妙；知仁义中正而主静，则识圣学之全。"君子能到此地步，便是"美之至也"。

**大雪第 7 天**。当然，圣贤"用之则行，舍之则藏"。明儒邓以赞对此解释道："用之则行，大行其道也；舍之则藏，退藏于密也。"所谓"退藏于密"乃"化道于内"之意。道化于内，自己便是道，所谓大而化之！如是，则可以大行其道，教民化众有功。

**大雪第 8 天**。教民化民宗旨，自然先要立其大者。明儒冯从吾说："先立乎其大，不是悬空在心上求，正是在喜怒哀乐、视听言动间，辨别人心道心。精之一之，务使道心为主，而人心尽化，讨得此中湛然虚明，此之谓先立乎其大，而耳目口体小者自不能夺也。"如此，方能使民众以不变而应万变，处安危而心平易！

**大雪第 9 天**。何为圣道之大者，恪守中道而已。明儒王时槐说："千圣语学，皆指中道，不落二边。如言中、言仁、言知、言独、言诚是也。若言寂，则必言感而后全，言无，则必言有而后备，以其涉于偏也。"唯有恪守中道，才能救具体修习方法之偏。

**大雪第 10 天**。传习圣道，如果不知民众后天偏性浅深，盲目引导，恐影响效果。启发险峻，石头路滑，难得玄旨；施教简易，溺水身亡，误人子弟。不亦难乎？那么如何教化民众？周敦颐在《周子通书》中说："纯其心而已矣。仁义礼智四者，动静言貌视听无违，之谓纯。"但能无违仁，无违道之纯，然后因材施教。

穷理尽性：卦说节气洗心，语录日用润身

## 第72候
### 坤卦上六《象传》说："龙战于野"，其道穷也。

**大雪第 11 天。** 坤卦《文言》说："阴疑于阳必战，为其嫌于无阳也。"化导民众也有此困境。当要记住明儒刘塙在《证记》中所说的话："天下无不可化之人，不向人分上求化也，化我而已矣。天下无不可处之事，不向事情上求处也，处我而已矣。"关键在于以身作则，以诚感化于民众。

**大雪第 12 天。** 所以，以身作则就是要做到："爱人直到人亦爱，敬人直到人亦敬，信人直到人亦信，方是学无止法。"明儒王艮在《勉仁方》中说："夫仁者爱人，信者信人，此合外内之道也。于此观之，不爱人，己不仁可知矣；不信人，己不信可知矣。夫爱人者人恒爱之，信人者人恒信之，此感应之道也。于此观之，人不爱我，非特人之不仁，己之不仁可知矣；人不信我，非特人之不信，己之不信可知矣。"

**大雪第 13 天。** 明儒焦竑在《澹园论学语》中说："人之不能治世者，只为此心未得其理，故私意纠棼，触途成窒。苟得于心矣，虽无意求治天下，而本立道生，理所必然，所谓正其本，万事理也。"讲的都是正己然后可以化民，故化民当先要自己穷理尽性。

**大雪第 14 天。** 明儒何廷仁在《善山语录》中说："天下之事，原无善恶，学者不可拣择去取，只要自审主意。若主意是个真心，随所处皆是矣；若主意是个私心，纵拣好事为之，却皆非矣。"只要自己真心为善，立天下之大本，便可以去化导民众幸福生活。

**大雪第 15 天。** 我们为什么要穷理尽性呢？孔子晚年好《易》，以至于"韦编三绝"，也是希望通过讲述《易》理，来阐发淑世爱人思想的。明儒曹端有《语录》说："圣人之心，一天地生物之心，天地之心，无一物不欲其生，圣人之心，无一人不欲其善。"所以得道之人，理应关爱社会。唯有自立然后去努力淑世，那么人类社会一定会变得更加美好。

# 附录：乐易读书活动

为了配合修习者按照《穷理尽性》内容进行日修一则语录的心性修养，我们制定了乐易读书活动规程。乐易读书活动的宗旨：读圣贤书，明科学理，修仁智心。活动内容包括践行科目、主题讲座、配套书目、琴乐曲目和辅助读物。活动时间的安排，完全按照《穷理尽性》十二消息二十四节气同步进行。

## 第一环节　☵坎陷励志（冬）

一、子会复卦：主题讲座"易道圣学"；读《周易》（重点读《文言》《系辞》《说卦》诸篇）；听琴乐《高山流水》。

（一）冬至立志：辅修读物——明儒许孚远的《原学篇》。

（二）小寒勤学：辅修读物——宋儒程颐的《颜子所好何学论》，开启阅读《含弘光大：易道科学诠释》。

二、丑会临卦：主题讲座"洗心宗旨"；读《礼记》（重点读《大学》《中庸》《学记》诸篇）；听琴乐《阳光三叠》。

（三）大寒力行：辅修读物——明儒刘宗周的《求放心说》。

（四）立春应事：辅修读物——明儒刘宗周的《应事说》。

三、寅会泰卦：主题讲座"养生修命"；读《周子通书》；听琴乐《平沙落雁》。

（五）雨水惩忿：辅修读物——宋儒程颢的《定性书》。

（六）惊蛰窒欲：辅修读物——明儒黄宗明的《寡欲论》。

121

穷理尽性：卦说节气洗心，语录日用润身

## 第二环节　☳震动修省(春)

四、卯会大壮：主题讲座"物质性空"；读《寻找薛定谔的猫：量子物理和真实性》；听琴乐《搔首问天》。

(七)春分改过：辅修读物——明儒刘宗周的《改过说》。

(八)清明克己：辅修读物——明儒赵贞吉的《克己箴》。

五、辰会夬卦：主题讲座"混沌创生"；读《混沌：开创新科学》；听琴乐《潇湘水云》。

(九)谷雨读书：辅修读物——明儒刘宗周的《读书说》，精深研读《含弘光大：易道科学诠释》。

(一〇)立夏讲学：辅修读物——明儒曹于汴的《论讲学书》，讲习交流《含弘光大：易道科学诠释》。

六、巳会乾卦：主题讲座"神经机制"；读《心思大开：日常生活的神经科学》；听琴乐《岳阳三醉》。

(一一)小满格物：辅修读物——明儒黄佐的《格物论》。

(一二)芒种穷理：辅修读物——宋儒周敦颐的《太极图说》。

## 第三环节　☲离丽见性(夏)

七、午会姤卦：主题讲座"静观正心"；读《孟子》(重点读《尽心》篇)；听琴乐《静观曲》。

(一三)夏至静坐：辅修读物——明儒刘宗周的《静坐说》。

(一四)小暑正心：辅修读物——明儒李经纶的《正心原》。

八、未会遁卦：主题讲座"意识反观"；读《感受与认知：让意识照亮心智》；听琴乐《石上流泉》。

(一五)大暑持敬:辅修读物——宋儒朱熹的《敬斋箴》。

(一六)立秋慎独:辅修读物——明儒黄佐的《慎独论》。

**九、申会否卦**:主题讲座"精神作用";读《精神的宇宙》;听琴乐《鸥鹭忘机》。

(一七)处暑省察:辅修读物——宋儒朱熹的《观心说》。

(一八)白露存养:辅修读物——宋儒程颢的《识仁篇》。

## 第四环节　☱兑说化道(秋)

**一〇、酉会观卦**:主题讲座"仁爱集义";读《论语》;听琴乐《忆故人》。

(一九)秋分为善:辅修读物——明儒高攀龙的《为善说》。

(二〇)寒露感应:辅修读物——明儒李经纶的《诚意原》。

**一一、戌会剥卦**:主题讲座"琴乐悦性";读《乐记》;听琴乐《良宵引》。

(二一)霜降尽性:辅修读物——明儒湛若水的《心性图说》。

(二二)立冬知命:辅修读物——明儒孙慎行的《命说》。

**一二、亥会坤卦**:主题讲座"天下文明";读《捆绑的世界:生活在全球化时代》;听琴乐《沧海龙吟》。

(二三)小雪集义:辅修读物——明儒冯从吾的《善利辨》。

(二四)大雪淑世:辅修读物——宋儒朱熹的《仁心说》。

# 参考文献

(明)陈献章:《陈献章集》,孙通海点校,北京:中华书局,1987年。

(宋)程颢、程颐:《二程遗书》,潘富恩导读,上海:上海古籍出版社,2000年。

(宋)程颢、程颐:《二程集》,王孝鱼点校,北京:中华书局,1981年。

(魏)何晏注,(宋)邢昺疏:《论语注疏》,北京:北京大学出版社,1999年。

(清)黄宗羲:《明儒学案》,沈芝盈点校,北京:中华书局,1986年。

(清)黄宗羲、全祖望:《宋元学案》,陈金生、梁运华点校,中华书局,1986年。

(清)李道平:《周易集解纂疏》,李鼎祚原著,潘雨廷点校,北京:中华书局,1994年。

(宋)陆九渊:《陆九渊集》,钟哲点校,北京:中华书局,1980年。

(宋)陆九渊、(明)王守仁:《象山语录 阳明传习录》,杨国荣导读,上海:上海古籍出版社,2000年。

(宋)邵雍:《伊川击壤集》,陈明点校,北京:学林出版社,2003年。

(宋)邵雍:《皇极经世书》,郑州:中州古籍出版社,1990年。

(魏)王弼、(晋)韩康伯注,(唐)孔颖达疏:《周易正义》,北京:北京大学出版社,1999年。

(魏)王弼、(晋)韩康伯注,(唐)孔颖达疏:《周易正义》,北京:中国致公出版社,2009年。

(明)王守仁:《王阳明全集》,北京:红旗出版社,1996年。

(明)湛若水:《湛若水先生文集》,南宁:广西师范大学出版社,2014年。

(宋)张载:《张子正蒙》,(清)王夫之注,汤勤福导读,上海:上海古籍出版社,2000年。

(宋)张载:《张载集》,章锡琛点校,北京:中华书局,1978年。

(汉)赵岐注,(宋)孙奭疏:《孟子注疏》,北京:北京大学出版社,1999年。

(汉)郑玄注,(唐)孔颖达疏:《礼记正义》,北京:北京大学出版社,1999年。

(宋)周敦颐:《周子通书》,徐洪兴导读,上海:上海古籍出版社,2000年。

周昌乐:《明道显性:沟通文理讲记》,厦门:厦门大学出版社,2016年。

周昌乐:《通智达仁:传授心法述要》,厦门:厦门大学出版社,2018年。

(宋)朱熹:《朱子语类》,(宋)黎靖德编,王星贤点校,北京:中华书局,1988年。

(宋)朱熹:《朱子全书》,朱杰人、严佐之、刘永翔编,上海:上海古籍出版社,合肥:安徽教育出版社,2002年。